NHK
カガクノ
ミカタ

自分だけの「フシギ」を見つけよう!

編
NHK「カガクノミカ

絵
ヨシタケシンスケ

NHK出版

自分だけの「フシギ」を見つけよう！

「なんでも好きなことを調べてごらん」といわれて、逆に困ってしまったことはないですか？　なにかを明らかにしようと調べていく（研究あるいは探究といったりします）には、まずその出発点となる「フシギ（問い）」が必要です。でも、そういう「フシギ」を見つけるのは、意外に難しいのも事実。じつは、今、オトナになっている人の多くも夏休みの自由研究で途方に暮れてしまった経験を持っていたりします（笑）。

この本は、ＮＨＫ（Ｅテレ）で放送している「カガクノミカタ」という番組をもとにしています。この番組では、「数えてみる」「比べてみる」「大きくしてみる」など、毎回１つの「ミカタ」をとりあげ、そのミカタを通して、大人から子どもまでいろいろな人が自分なりの「フシギ」を見つけ、探っていく様子を紹介しています。

ここでいう「ミカタ」は、「フシギ」を見つけるための方法の１つ。あれこれ考え過ぎるより、何はともあれ、手や目や足を動かしてみる。そのときに「ミカタ」を使ってみると「フシギ」が見つかりやすくなるのでは？というのが番組の趣旨です。番組を作っているたくさんのスタッフも、そうした「ミカタ」で、身の回りのいろんなことに少しだけ注意深く接するようにしてみました。そうしたら、思ったよりたくさんのいろいろな「フシギ」が見つかりました。それはとてもわくわくする体験でした。

最初に自分で「フシギ」を見つけるのは難しいことがあると書きました。でも、よく考えてみると「これについて調べなさい」といったように、誰かほかの人に与えられた「フシギ」について探っていくよりも、自分で「やりたい！」「調べてみたい！」ということのほうがやる気が出るし、なにより楽しいはずです。

自分で見つけた「フシギ」に正解や不正解はありません。自分で「フシギに思った」「フシギを見つけた」ということ自体が、すごく大切で、すてきなことだと思います。さぁ、ページをめくって、みなさんも「自分だけのフシギ」を見つけてみましょう。

NHK「カガクノミカタ」プロデューサー　竹内慎一

もくじ

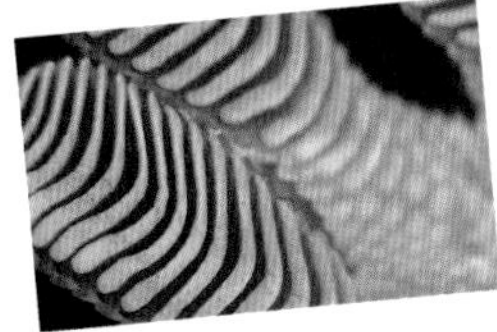

QRコードについて

タブレットやスマートフォン端末で本書に掲載のQRコードを読み取ると、NHK for Schoolの動画をご覧いただけます。

本書のQRコード一覧のURLはこちら →

https://nhktext.jp/mikata_mokuji

※QRコードからNHK for Schoolの動画にとぶサービスは、NHK出版が独自に提供するサービスです。
※動画視聴の際は、通信量が増えます。ご契約のデータ通信量を超えると、通信速度が遅くなることがあります。
※映像提供者の都合により、予告なく映像提供が終了する場合があります。あらかじめご了承ください。
※QRコードは株式会社デンソーウェーブの登録商標です。

第2章 予想してみよう …45

第3章 実験してみよう …83

この本の使い方

この本では、「ミカタ」を通して見つけた「フシギ」を、観察や予想、実験をしながら探っていく方法を紹介するよ。あたりまえたろうやあたりまえつことといっしょに、自分だけのフシギを見つけよう。

その回のミカタを確認

身近なものをその回の「ミカタ」で体験してみると、どんなフシギが見つけられるかな？　フシギの見つけ方をチェックしよう！

この本で取り上げている「ミカタ」は18だよ。

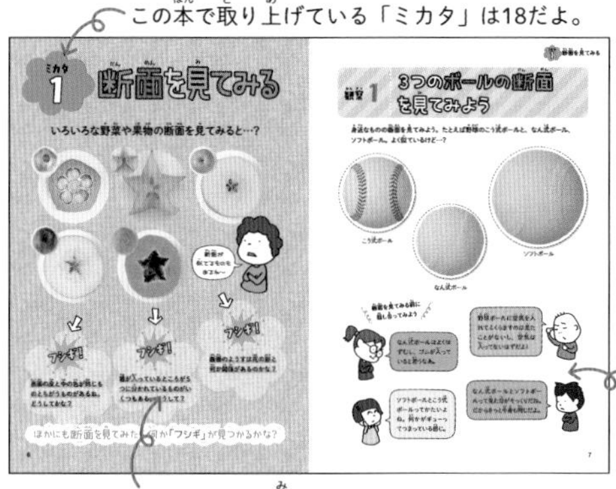

観察や実験をすると何が見えてくるかな？　予想してみよう。

いろんなフシギが見つかるね！

フシギを発見!

見つけたフシギをさらに探っていく方法を紹介するよ。キミだったら、どんなフシギを見つけられるかな？

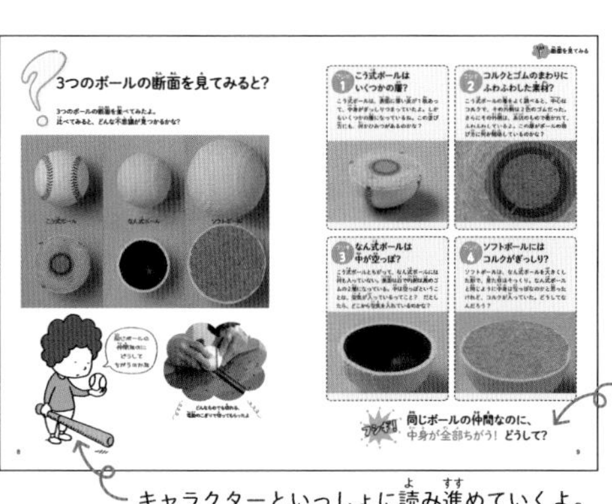

この本で着目したフシギはこれ！　次のページで、このフシギを探っていくよ。

キャラクターといっしょに読み進めていくよ。

もっとフシギを探ってみよう!

前のページで注目したフシギをさらに深く探っていくよ。

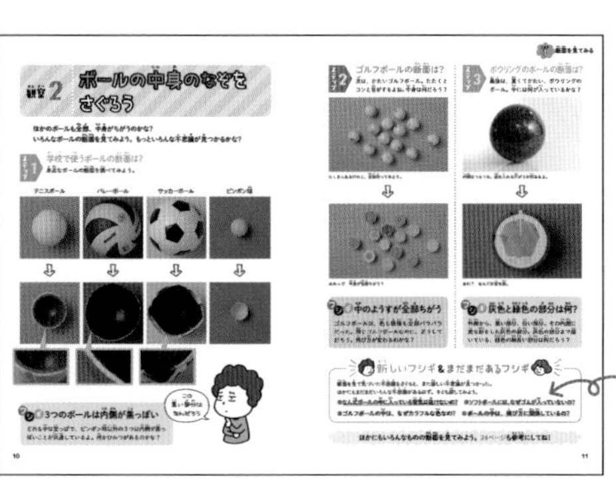

まだまだフシギはいっぱい！　気になるフシギがあったら、調べてみよう。

第1章

観察してみよう

ミカタ 1

断面を見てみる

いろいろな野菜や果物の断面を見てみると…？

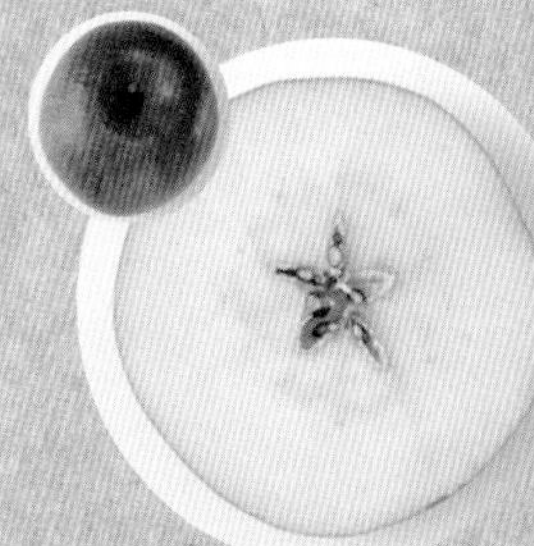

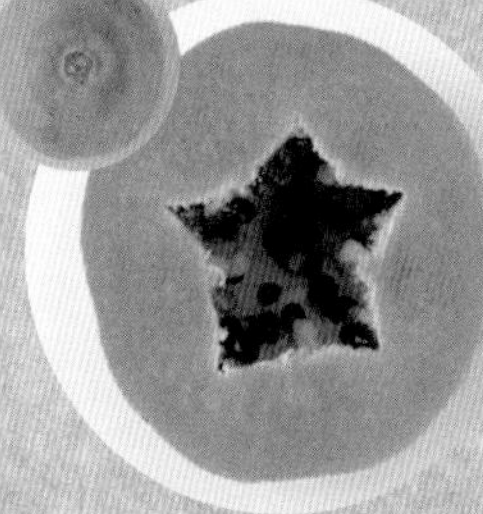

フシギ！

表面の皮の色と中の色が同じものとちがうものがあるね。どうしてかな？

フシギ！

種が入っているところが5つに分かれているものがいくつもある。どうして？

フシギ！

断面のようすは花の形と何か関係があるのかな？

ほかにも断面を見てみたら何か「フシギ」が見つかるかな？

観察1 3つのボールの断面を見てみよう

身近なものの断面を見てみよう。たとえば野球のこう式ボールと、なん式ボール。そしてソフトボール。よく似ているけど…?

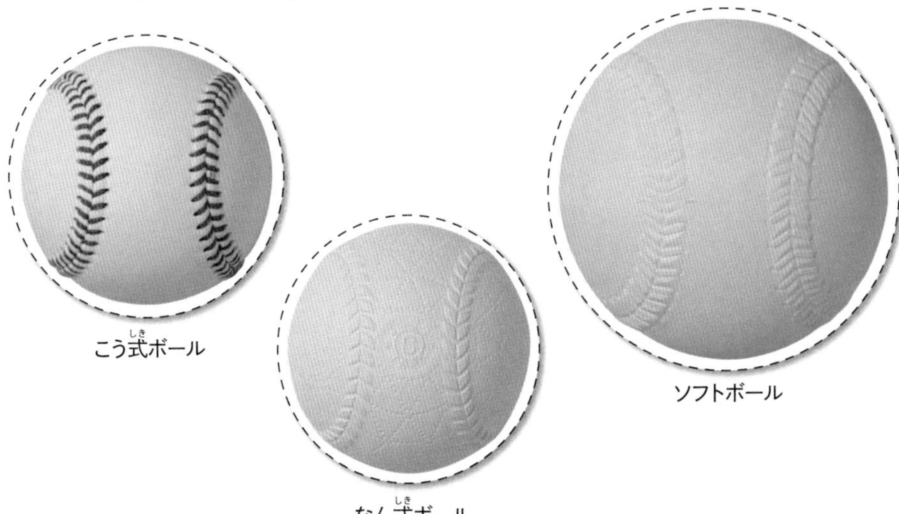

こう式ボール

なん式ボール

ソフトボール

断面を見てみる前に話し合ってみよう

なん式ボールはよくはずむし、ゴムが入っていると思うなあ。

野球ボールに空気を入れてふくらますのは見たことがないし、空気は入っていないはずだよ!

ソフトボールとこう式ボールってかたいよね。何かがギューっとつまっている感じ。

なん式ボールとソフトボールって見た目がそっくりだね。だからきっと中身も同じだよ。

3つのボールの断面を見てみると?

3つのボールの断面を並べてみたよ。
比べてみると、どんなフシギが見つかるかな?

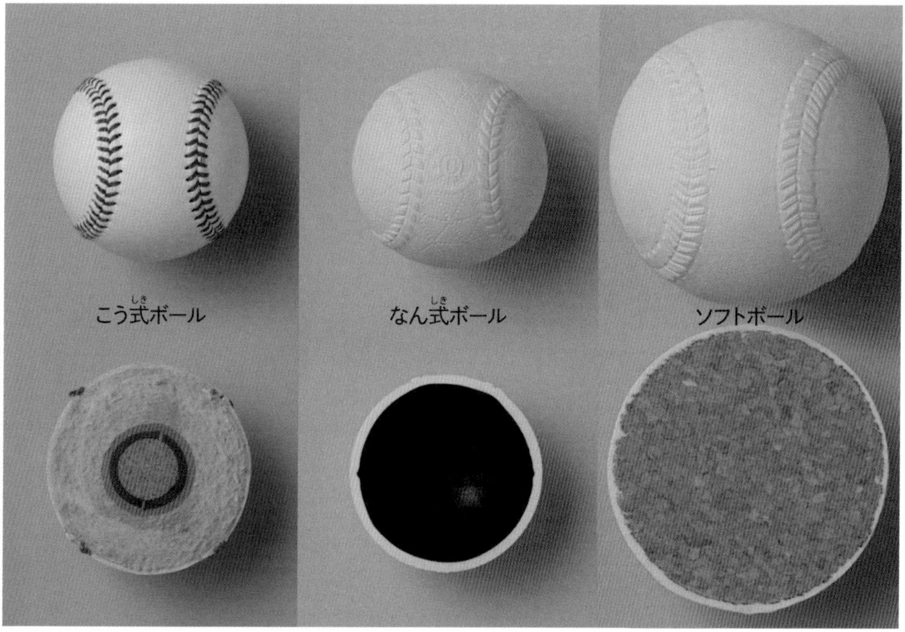

こう式ボール　なん式ボール　ソフトボール

どんなものでも切れる、
電動のこぎりで切ってもらったよ

フシギ1 こう式ボールはいくつかの層？

こう式ボールは、表面に薄い皮が１枚あって、中身がぎっしりつまっていたよ。しかも、中はいくつかの層になっているね。この並び方にも、何かひみつがあるのかな？

フシギ2 コルクとゴムのまわりにふわふわした素材？

こう式ボールの層をよく調べると、中心はコルクで、その外側は２色のゴムだった。さらにその外側は、糸状のもので巻かれて、ふわふわしているよ。この層がボールの飛び方に何か関係しているのかな？

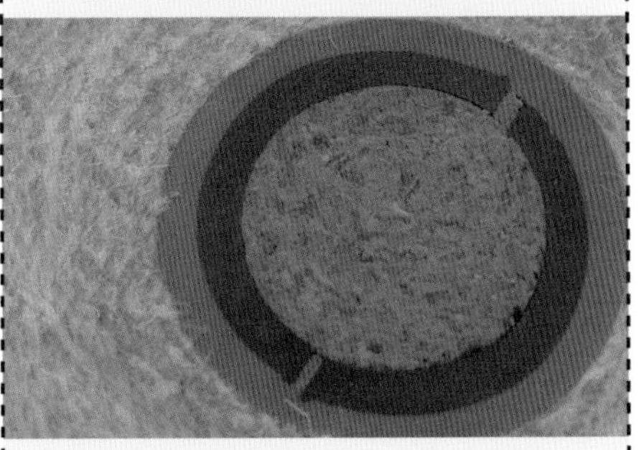

フシギ3 なん式ボールは中が空っぽ？

こう式ボールとちがって、なん式ボールには何も入っていない。表面は白で内側は黒のゴムという２層になっている。中は空っぽということは、空気が入っているってこと？　だとしたら、どこから空気を入れているのかな？

フシギ4 ソフトボールにはコルクがぎっしり？

ソフトボールは、なん式ボールを大きくした形で、見た目はそっくり。なん式ボールと同じように中身は空っぽなのかと思ったけれど、コルクが入っていた。どうしてなんだろう？

同じボールの仲間なのに、中身が全部ちがう！　どうして？

観察2 ボールの中身のなぞを探ろう

ほかのボールも全部、中身がちがうのかな？
いろんなボールの断面を見てみよう。もっといろんなフシギが見つかるかな？

学校で使うボールの断面は？

身近なボールの断面を調べてみよう。

テニスボール　バレーボール　サッカーボール　ピンポン球

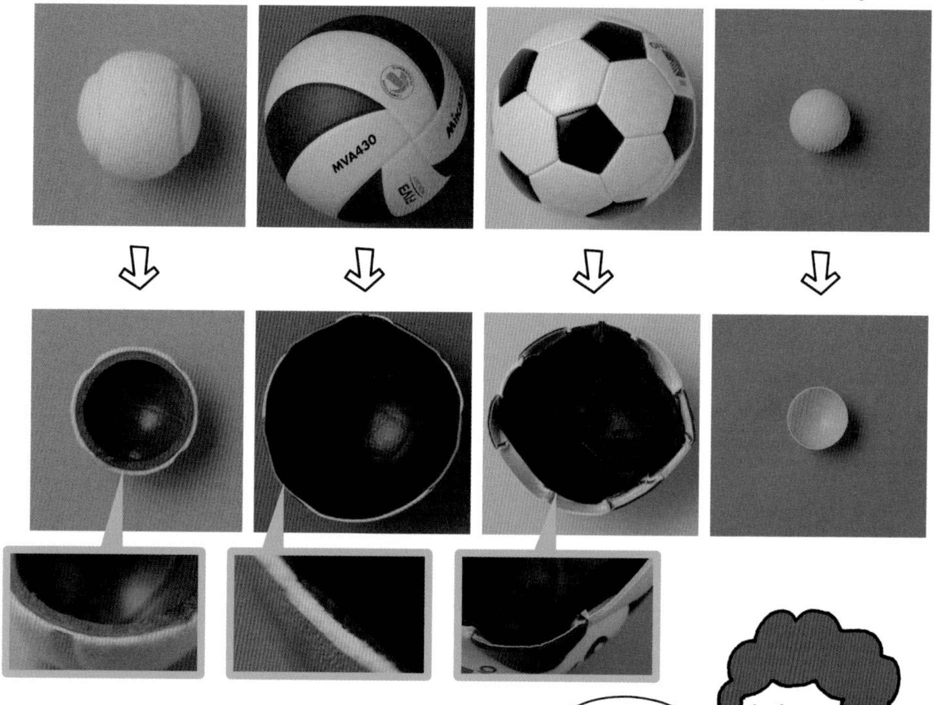

フシギ 3つのボールは内側が黒っぽい

どれも中は空っぽで、ピンポン球以外の3つは内側が黒っぽいことが共通しているよ。何かひみつがあるのかな？

ステップ2 ゴルフボールの断面は?

次は、かたいゴルフボール。たたくとコンと音がするよね。中身は何だろう?

たくさんあるけど、全部切ってみよう。

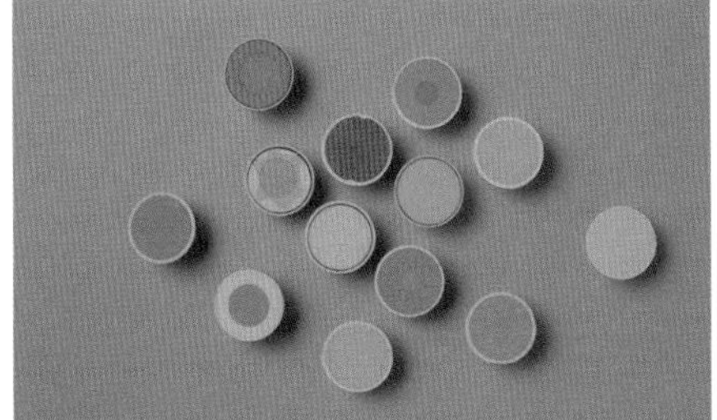

あれっ!? 中身が全部ちがう!

フシギ 中のようすが全部ちがう

ゴルフボールは、色も模様も全部バラバラだった。同じゴルフボールなのに、どうしてだろう。飛び方が変わるのかな?

ステップ3 ボウリングのボールの断面は?

最後は、重くてかたい、ボウリングのボール。中には何が入っているのかな?

外側はつるつる。指を入れる穴が3か所あるよ。

あれ? なんだか変な形。

フシギ 灰色と緑色の部分は何?

外側から、黒い部分、白い部分。その内側に変な形をした灰色の部分。灰色の部分まで届いている、緑色の細長い部分は何だろう?

新しいフシギ&まだまだあるフシギ

断面を見て気づいたフシギを探ると、また新しいフシギが見つかった。
ほかにもまだまだいろんなフシギがあるはず。キミも探してみよう。

- なん式ボールの中に入っている空気はぬけないの?
- ソフトボールには、なぜゴムが入っていないの?
- ゴルフボールの中は、なぜカラフルな色なの?
- ボールの中は、飛び方に関係しているの?

ほかにもいろんなものの断面を見てみよう。44ページも参考にしてね!

ミカタ 2 下から見てみる

いろいろなくつを下から見てみよう。

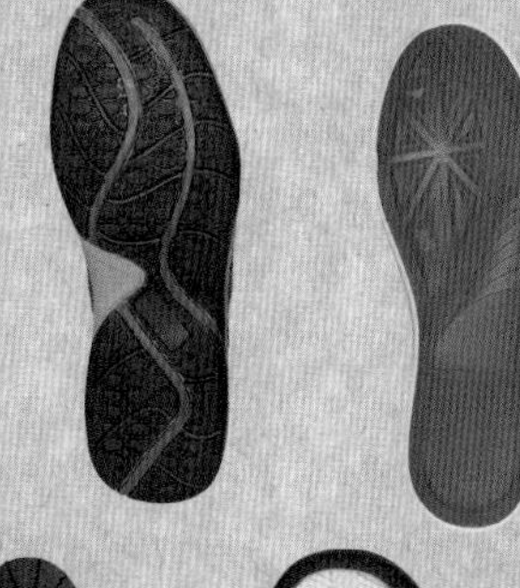

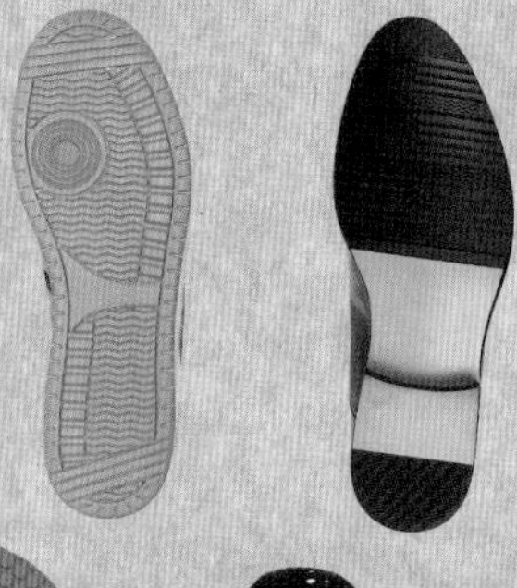

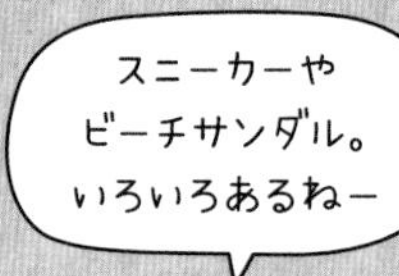

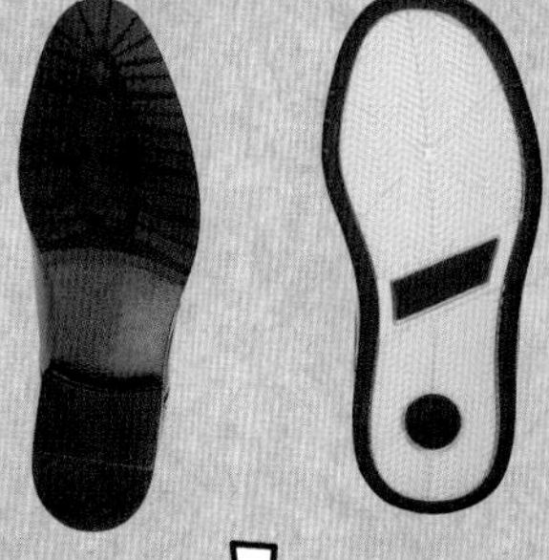

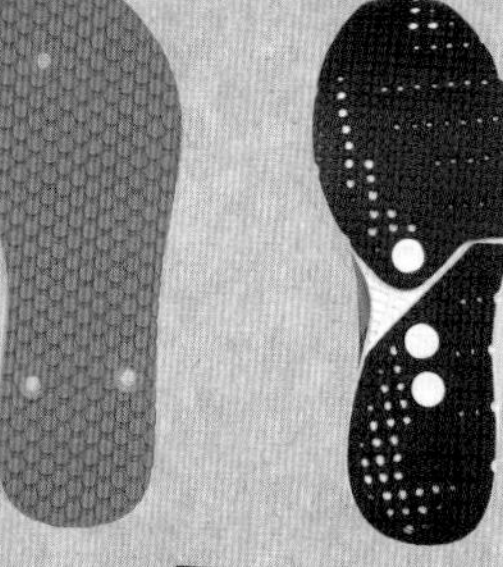

フシギ！

くつの裏側の形って、いろいろあるね。どうしてかな？

フシギ！

でこぼこの形がちがうのは、どうしてだろう？
何か意味があるのかな？

フシギ！

でこぼこが、あまりないくつもある。でこぼこがなくてもいいってこと？

ほかにも下から見てみたら何か「フシギ」が見つかるかな？

観察 1 カタツムリを下から見てみよう

身近なものを下から見てみよう。
たとえば、うず巻きみたいな“から”を背負って歩くカタツムリ。下から見てみると…？

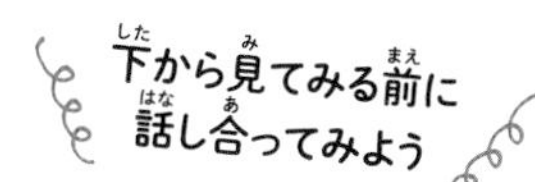

カタツムリを下から見てみると?

カタツムリをとう明な板にのせて下から見てみたよ。
頭からおしりまでじっくり見てみよう。どんなことに気づくかな?

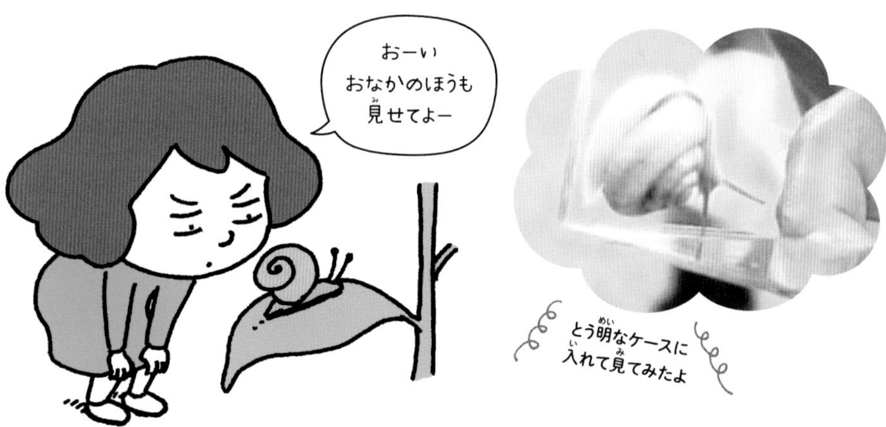

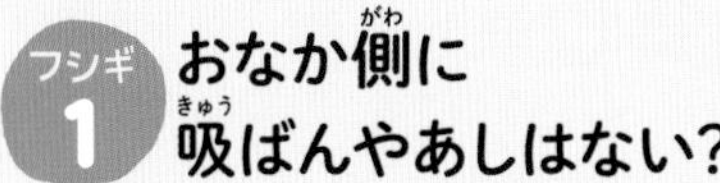

フシギ1 おなか側に吸ばんやあしはない？

カタツムリのおなかには、吸ばんらしいものはないみたいだ。虫や鳥のようなあしもない。それでもゆっくり前に進んでいる。いったいどうやって歩いているんだろう？

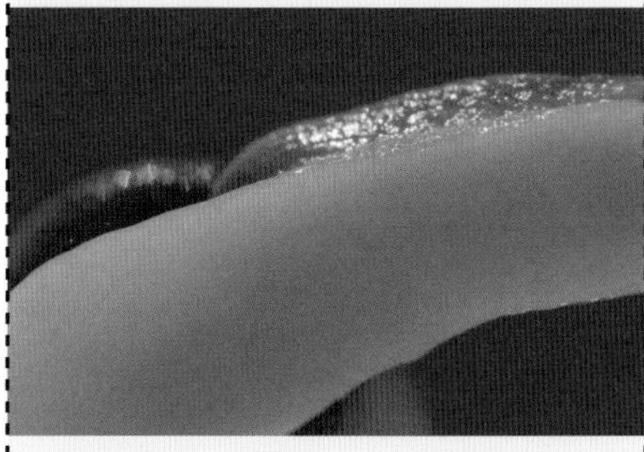

フシギ2 からの下に見える穴は何？

からを下から見てみると、からのやわらかそうなところに小さな穴があるみたい。よく見ると開いたり閉じたりしているよ。この穴はいったいなんだろう。

フシギ3 動いた場所につくぬるぬるしたものは何？

カタツムリが動いたあとを見ると、とう明なものがついている。さわるとぬるぬるしているよ。この液は何だろう？　カタツムリのからだから出ているみたい。どこから出ているのかな？

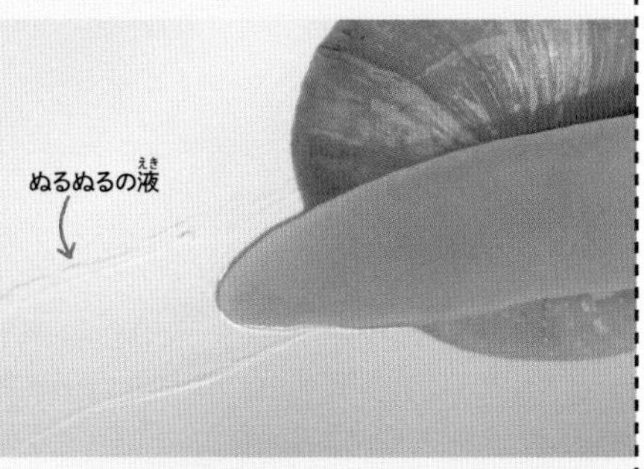

フシギ4 動くとおなかに波模様ができるのはどうして？

動くようすを見ていると、おなかが波打っているのがわかるよ。エスカレーターみたいに、波が下から上へ動いていくね。波の向きは、進む方向と同じ。いったいどうして？

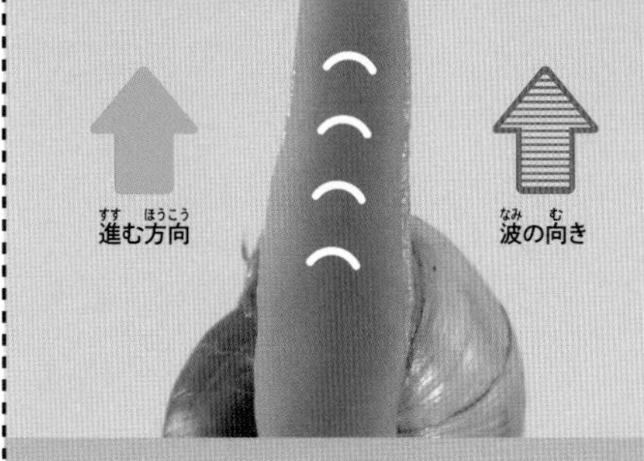

おなかで波打って見えるのは、いったい何？

観察2 おなかの波のなぞを探ろう

前のページのフシギ④に注目してみよう。
カタツムリに似ている生き物を観察して、おなかをじっくり見てみよう。

シッタカガイのおなかは?

海にすんでいるけれど、からが巻いているのはカタツムリと同じだよ。

カタツムリとちがって、からだが見えない。かくれているのかな？

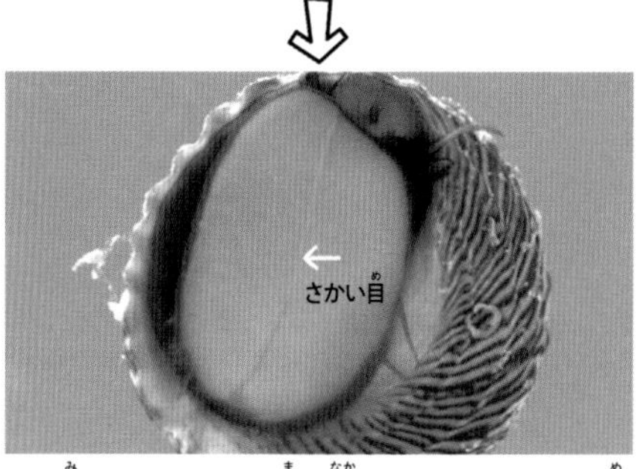

よく見ると、おなかの真ん中にうっすらとさかい目が見える。

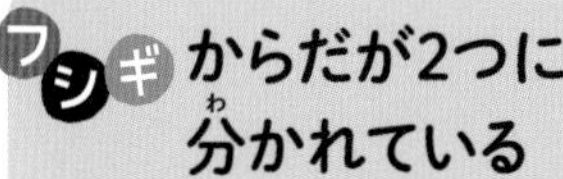

からだが2つに分かれている

カタツムリとちがって、からだが真ん中で左右に分かれている。おなかの波は、よく見えないね。

ステップ2 ヒザラガイのおなかは?

海の岩場でよく見られるよ。からが巻いていない貝の仲間だね。

岩にぺたっと張りついているよ。からだはどこ？

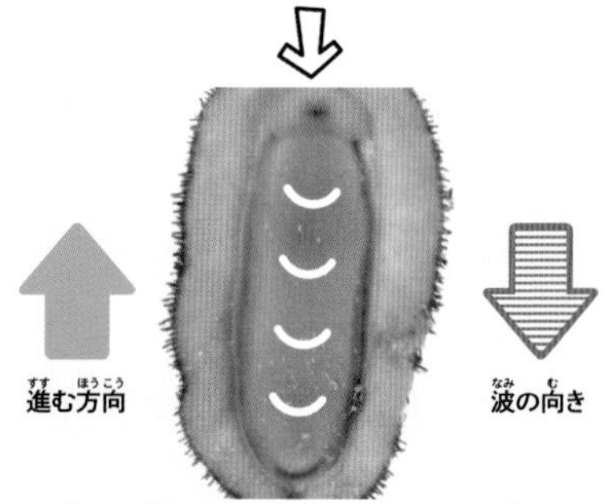

上から見えた貝がらの部分が、まったく見えない！

フシギ おなかの波は進む方向とは逆へ

カタツムリと同じように、おなかが波打っている。でも、波の向きはカタツムリとは反対で、上から下へ。進む方向は同じなのになぜ？

ステップ 3 サザエのおなかは?

サザエのからの高さは、大きなもので10cmくらいにもなるよ。サザエが動くようすを、下から見てみよう。ほかの貝とのちがいが見つかるかな。

サザエは海の岩場にすんでいるよ。

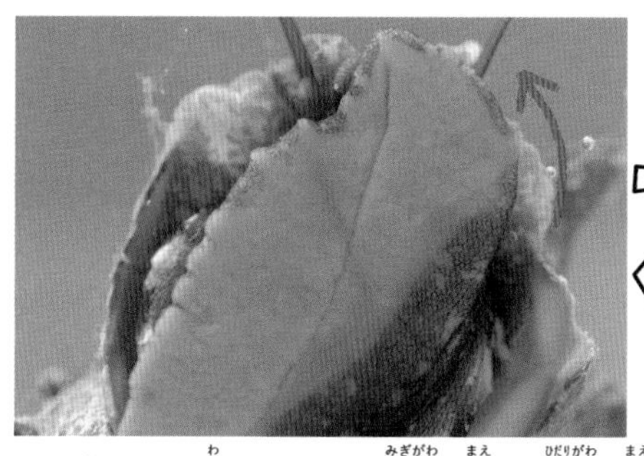

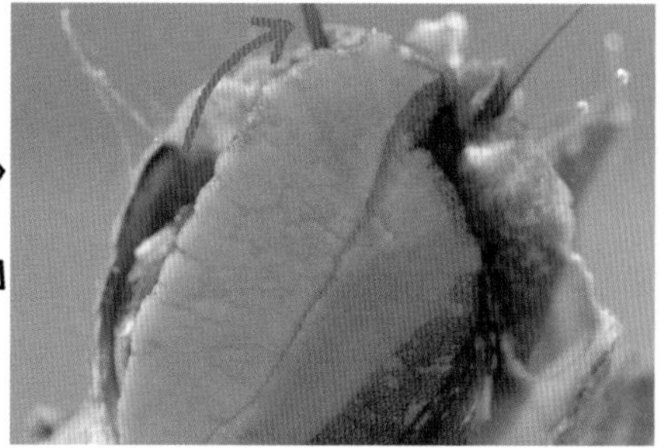

からだは２つに分かれていて、右側を前に、左側を前にと、交ごに動かして前に進んでいる。

フシギ 2つのからだを交ごに動かして進む

サザエのからだは２つに分かれていて、まるであしで歩いているかのように、左右のからだを交ごに前に動かして進んでいる。

新しいフシギ＆まだまだあるフシギ

下から見て気づいたフシギを探ると、また新しいフシギが見つかった。
ほかにもまだまだいろんなフシギがあるはず。キミも探してみよう。

- カタツムリとヒザラガイは、どうして波打つ向きが逆なの?
- からの中のからだは、どうなっているの?
- カタツムリのからにあった穴は何?

ほかにもいろんなものを下から見てみよう。44ページも参考にしてね!

ミカタ 3

大きくしてみる

本の表紙の青い部分を大きくしてみると…？

青く見える
ところなのに
大きくすると
あれれ？

フシギ！

大きくすると、いろんな色の点が見えるのはどうして？

フシギ！

赤や黄色などほかの色の部分でも、いろんな色の点が見えるのかな？

フシギ！

テレビ画面の青い部分を大きくしてみても同じかな？

ほかにも大きくしてみたら何か「フシギ」が見つかるかな？

観察1 いろいろな生き物のあしを大きくしてみよう

いろいろな生き物のあしを見てみよう。
たとえばタコ、イカ、イヌ、ヤモリのあしを大きくして見てみると…?

タコ

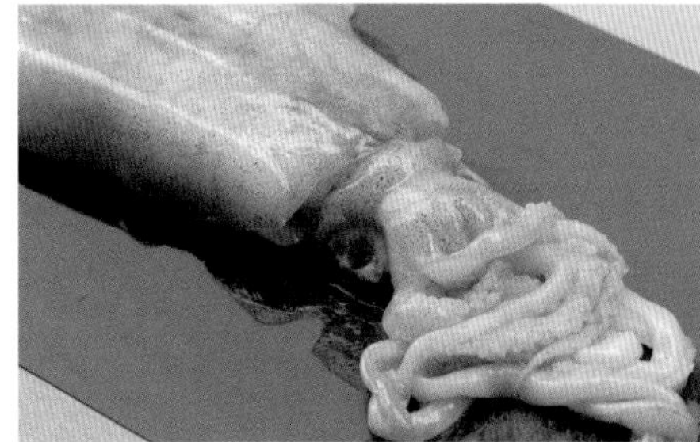
イカ

イヌ

ヤモリ

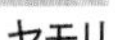

大きくしてみる前に話し合ってみよう

タコとイカは両方ともあしに吸ばんがあるね。吸ばんに、何かちがいがあるのかな?

イヌのあしをさわったことがあるけど、ぷにぷにしているようで、表面はけっこうかたかったよ。

ヤモリって、かべを上手に歩くよね。あしの裏に何かひみつがあるのかもしれないね!

あしを大きくして見てみると?

タコ、イカ、イヌ、ヤモリのあしを大きくして見てみたよ。
どんなことが見えてくるかな?

虫メガネとデジタル顕微鏡を使って見てみたよ

フシギ1 タコのあしの吸ばんは丸くて平ら?

くねくね動く、生きたタコのあし。吸ばんの表面はつるっとして、丸くて、平ら。よく見ると、真ん中に穴があるよ。この穴はいったい何だろう?

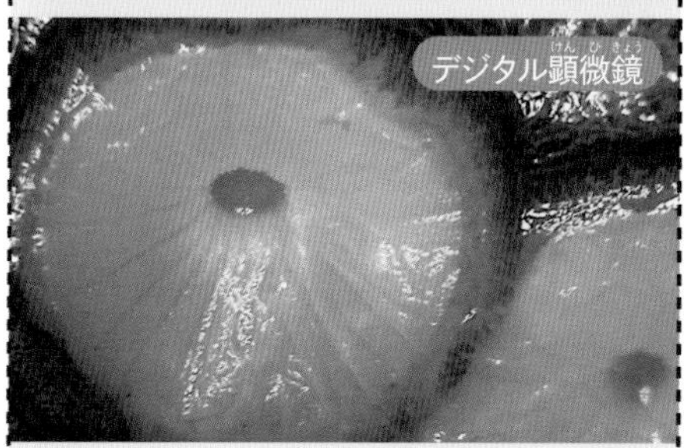

フシギ2 イカのあしの吸ばんはギザギザ?

タコよりも小さくて、おわんのような形。穴のまわりのふちに、歯のような細かいギザギザがあるよ。同じ吸ばんでも、タコとはちがうみたい。どうしてだろう?

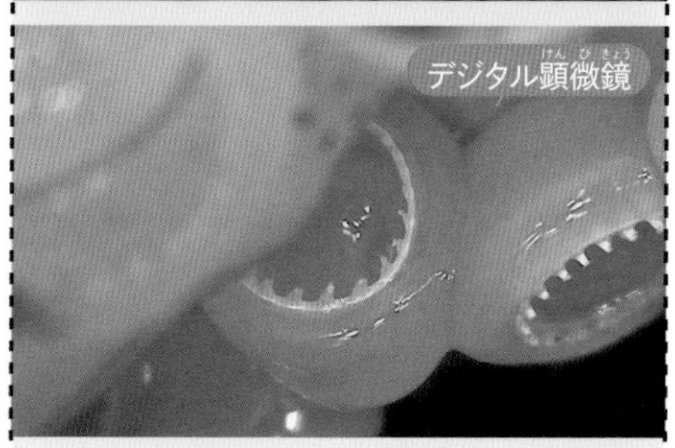

フシギ3 イヌのあしの裏がゴツゴツしているのは?

イヌのあしの裏にある「肉球」と呼ばれる部分は、うろこのようなものが重なって、ゴツゴツしていた。さわってみると、ザラザラしているね。どうしてかな？

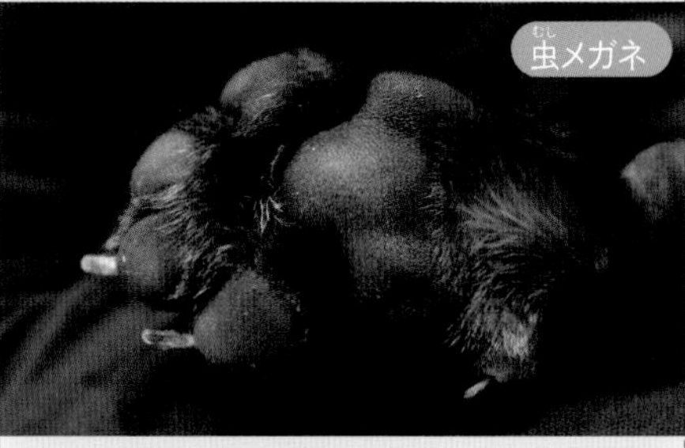

フシギ4 ヤモリのあしの裏のひだは何のため?

ガラスケースに張りついたヤモリのあしの指を大きくしてみたら、ひだがいっぱい並んでいたよ。落ちずに張りついていられるのは、このひだにひみつがあるのかな？

ヤモリがかべに張りついていられるのは、このひだにひみつがあるの?

観察2 ヤモリのあしのなぞを探ろう

前のページのフシギ4に注目してみよう。
ヤモリのほかにも、かべを歩く生き物がいるよ。あしを大きくして比べてみよう。

ステップ1 あしをもっと大きくすると?

あしのうらをじっくり見てみよう。指1本1本に白いひだがついているよ。

5本の指全部にひだがある。指を拡大してみると…

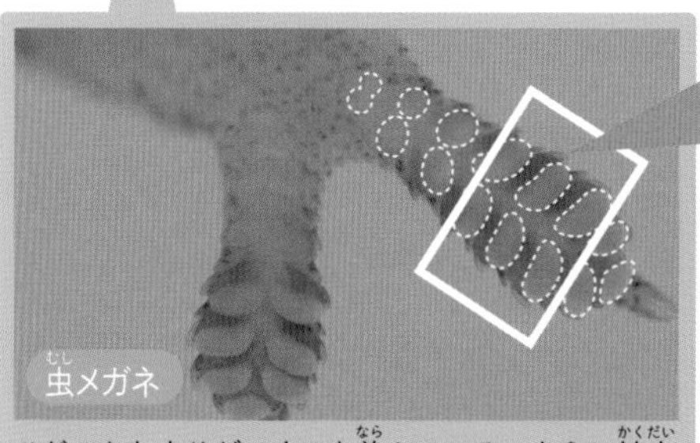

ひだのかたまりがいくつも並んでいる。さらに拡大してみると…

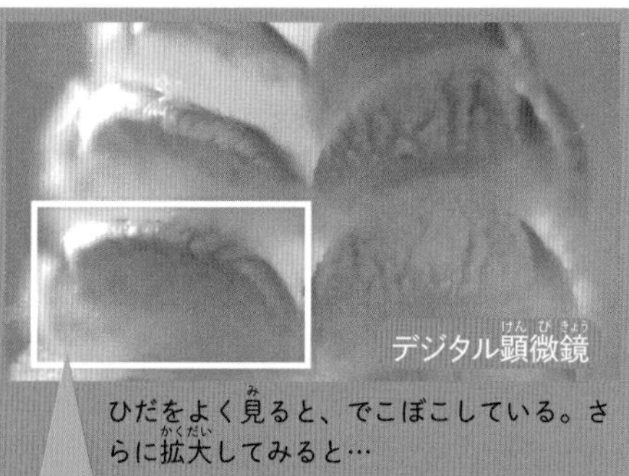

ひだをよく見ると、でこぼこしている。さらに拡大してみると…

でこぼこしたものは全部、細い毛の束だった。

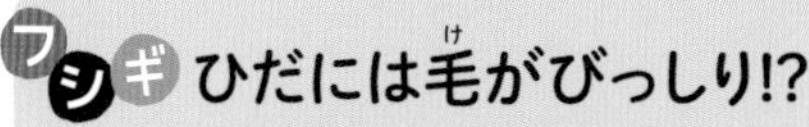

フシギ ひだには毛がびっしり!?

たくさんの毛の集まりが、白いひだになっていたことがわかった。かべを上手に歩けるのは、この毛があるからなの?

ステップ2 かべを歩くテントウムシは?

かべを落ちずに歩けるテントウムシ。やっぱりあしにひみつがあるのかな？

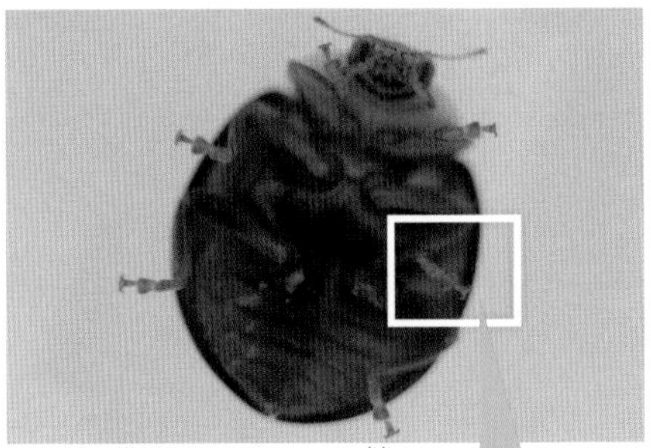

ガラスに張りついたあしを、大きくしてみたよ。

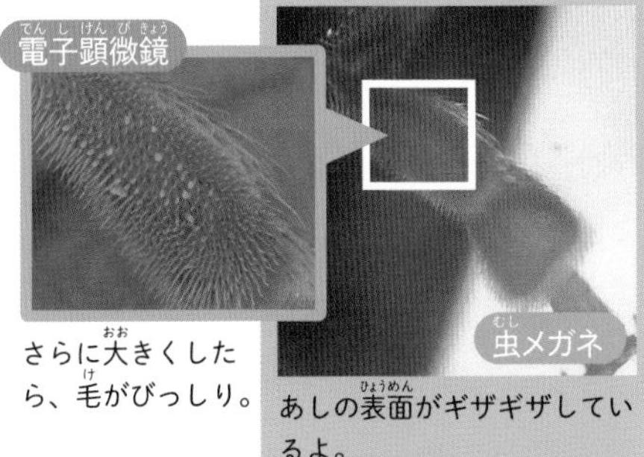

さらに大きくしたら、毛がびっしり。

あしの表面がギザギザしているよ。

フシギ テントウムシのあしも毛でおおわれていた

テントウムシが上手にかべを歩けるのも、細い毛がびっしり生えているからかも!?

ステップ3 かべに張りつくカエルは?

カエルもかべを歩く達人！　カエルのあしにも、毛が生えているのかな？

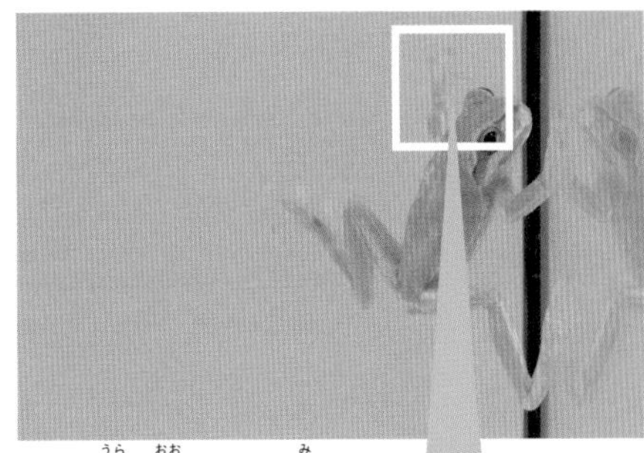

あしの裏を大きくして見てみると…。

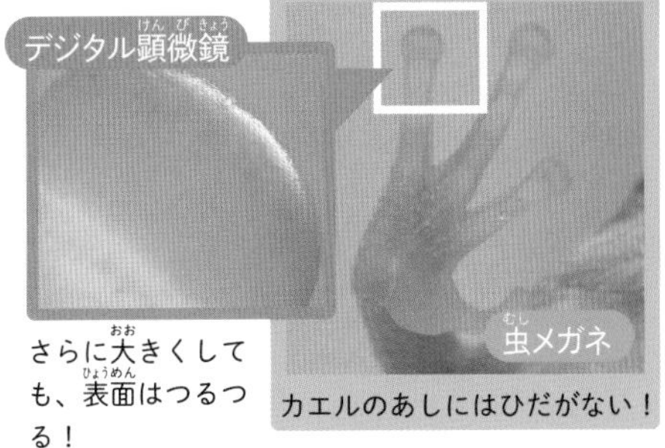

さらに大きくしても、表面はつるつる！

カエルのあしにはひだがない！

フシギ カエルのあしには毛が生えていない?

カエルのあしには、ひだや毛がなかった。どうしてかべを歩けるんだろう？

新しいフシギ&まだまだあるフシギ

大きくしてみて気づいたフシギを探ると、また新しいフシギが見つかった。
ほかにもまだまだいろんなフシギがあるはず。キミも探してみよう。

- **イカやタコの吸ばんは、何のためにあるの?**
- **イカとタコの吸ばんの形がちがうのはどうして?**
- **ヤモリやテントウムシのあしの毛は、かべを歩けることと何か関係があるの?**

ほかにもいろんなものを大きくしてみよう。44ページも参考にしてね!

ミカタ
4 中を見てみる

キャベツの中を見てみると…？

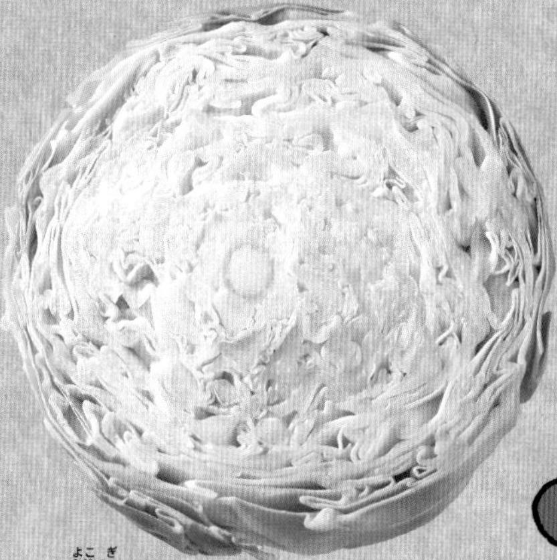

横切り

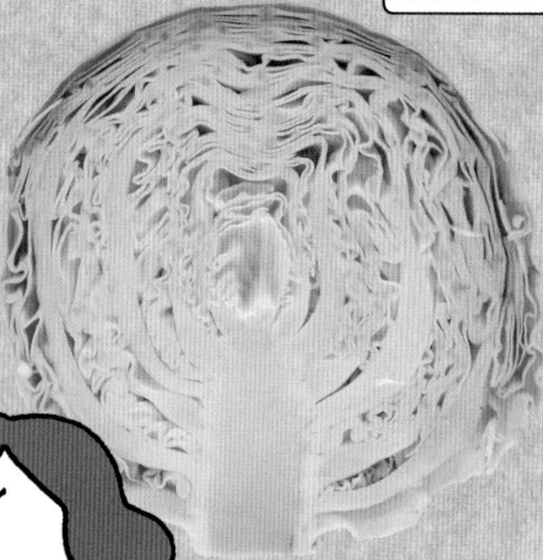

縦切り

フシギ！

葉っぱがいくつも重なっている。どのキャベツも枚数は同じなの？

フシギ！

中心にある、白くて太いものは何だろう？

フシギ！

キャベツに似た、ハクサイやレタスも中は似ているのかな？

ほかにも中を見てみたら何か「フシギ」が見つかるかな?

観察 1 イチゴの中を見てみよう

身近にあるものの中を見てみよう。たとえばイチゴ。
中はどんなふうだったっけ？　イチゴを切って見てみると…？

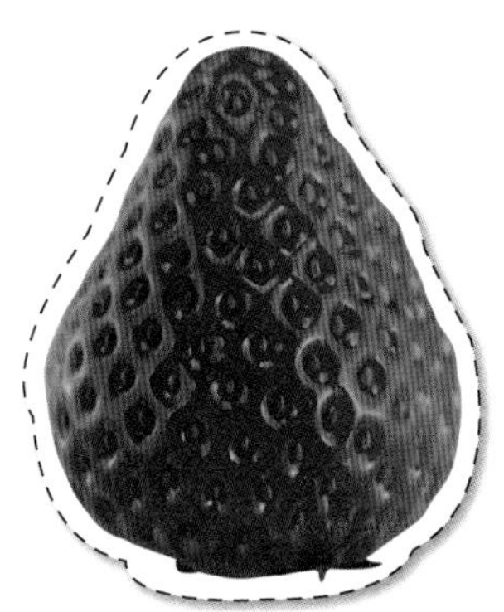

中を見てみる前に話し合ってみよう

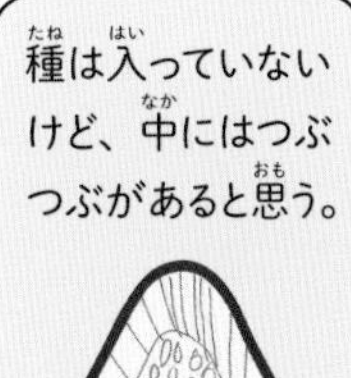

種は入っていないけど、中にはつぶつぶがあると思う。

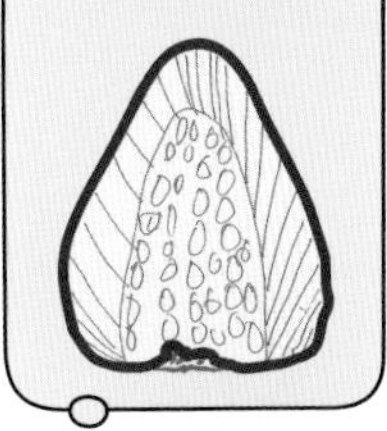

中央あたりに、空どうの部分があったはず！

真ん中のほうが白くて、まわりは薄いピンクだよ。

キミはどう考えたかな？

予想して描いてみよう

※コピーをとって使おう

イチゴの中を見てみると?

イチゴの真ん中を縦と横に切って、中を見てみたよ。じっくり見てみよう。
キミの予想と比べてみると、どんなフシギが見つかるかな?

フシギ1 イチゴの種はどこ?

縦に切っても、横に切っても、イチゴの中には、種らしいつぶつぶはなかった。表面についているつぶが種? イチゴの種ってどこにあるんだろう。

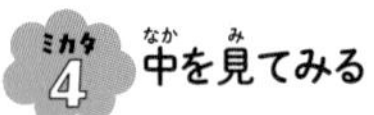

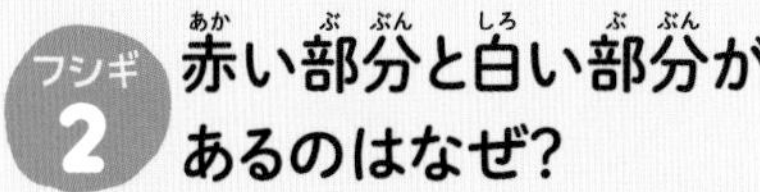

フシギ2 赤い部分と白い部分があるのはなぜ?

イチゴの中を見てみると、赤い部分と白い部分があった。表面は全部赤いのに、どうして白い部分があるんだろう。もしかして、まだ熟していないってこと？　ほかのイチゴもみんな同じかな？

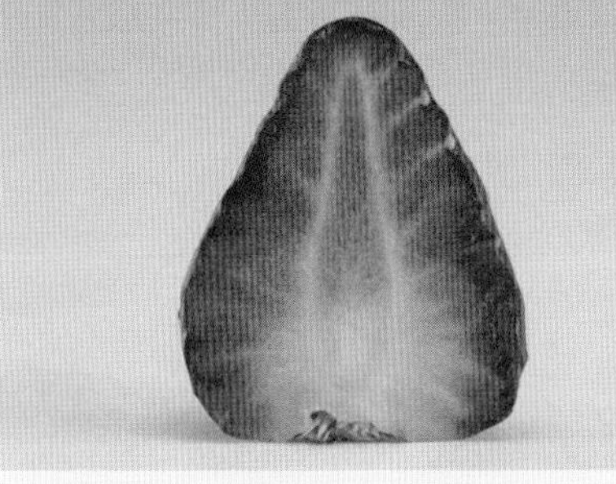

フシギ3 空どうがあるものとないものがある?

いろいろなイチゴの中を見ると、真ん中が空どうになっているイチゴもあった。でも全部ではないみたい。どうして、あるものとないものがあるのかな？

フシギ4 中心が赤いのはなぜ?

横に切ってみると、真ん中の白い部分のさらに中心が、少し赤くなっている。どうして中心だけが、こんなふうに赤いの？

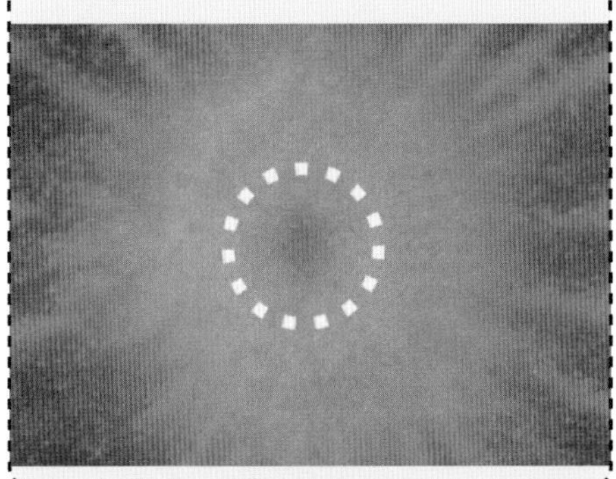

フシギ5 表面のつぶに向かう白い筋は何?

真ん中の白い部分から、外側へ向かって白い筋がある。もしかして白い筋は、表面のつぶとつながっているのかな？

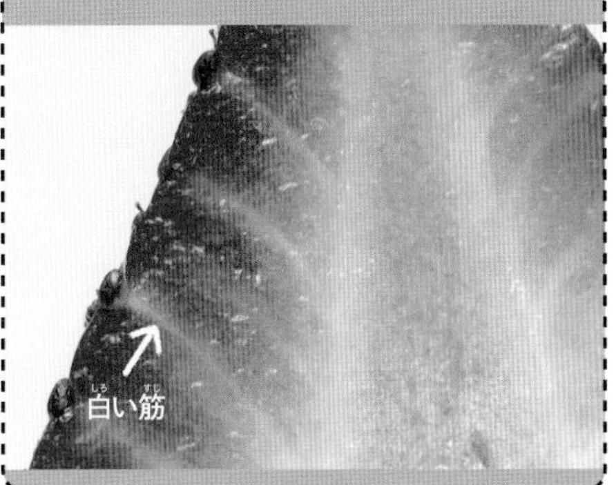

5に注目! 白い筋は表面のつぶと、つながっているの?

観察2 白い筋の正体を探ろう

前のページのフシギ⑤に注目してみよう。
白い筋は本当に表面のつぶとつながっているのか、実験して調べてみよう。

ステップ1 特別な機械で見てみよう

MRIという特別な機械を使って、イチゴの中を立体的に見てみよう。

1つぶのイチゴ。

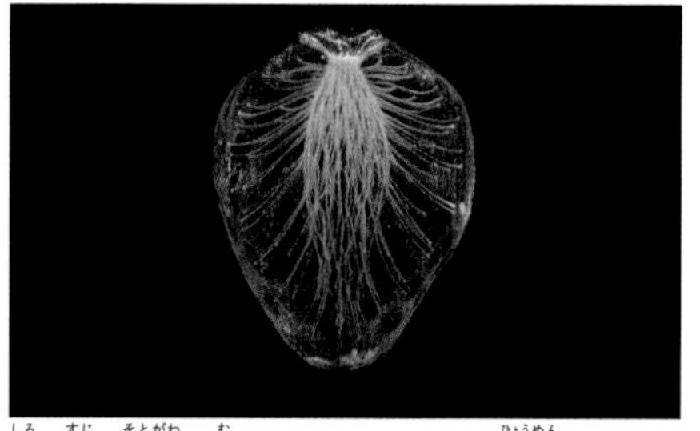

白い筋が外側に向かってのびていて、表面のつぶとつながっていることがわかる。

ステップ2 青い水を吸わせたら？

青く着色した水に、イチゴのくきを入れてみよう。何か変化は見られるかな？

水に青い食紅を混ぜたよ。

イチゴは青い水を吸い上げるかな？

フシギ 筋とつぶはつながっていた

中心の白い部分に筋が集まっていて、その1本1本が、表面のつぶとつながっていた。この筋、もしかしたら表面のつぶに水分や栄養を運ぶ道なのかも…？

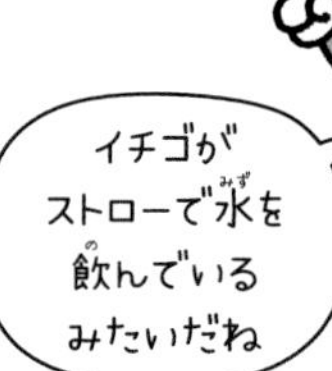

丸1日置いた、イチゴの中を見てみよう。

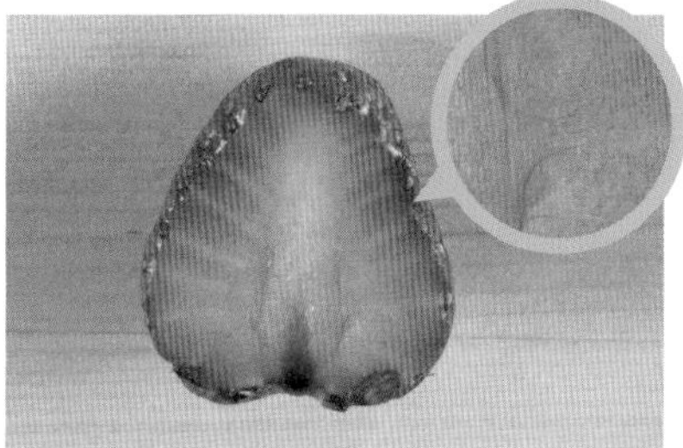

真ん中の白い部分が青くなっていたよ。筋もほんのり青い！

フシギ 白い部分が青くなった！

青い水は、実まで届いていた。中の白い筋が表面のつぶにつながっているのだとしたら、表面のつぶも青くなる？

4日後のイチゴ。全体が青っぽくなっている。

全部の筋が青くなり、表面のつぶも青い。

フシギ 筋もつぶも青くなった！

青い水は、白い筋を通って、つぶまで届いていた。やっぱり白い筋は、つぶに水分や栄養を運んでいるのかな？

 新しいフシギ＆まだまだあるフシギ 

中を見てみて気づいたフシギを探ると、また新しいフシギが見つかった。
ほかにもまだまだいろんなフシギがあるはず。キミも探してみよう。

- イチゴの表面のつぶは種？　まいたら芽が出るの？
- どうして空どうがあるイチゴがあるの？
- 赤い部分と白い部分の割合は、どのイチゴも同じ？

ほかにもいろんなものの中を見てみよう。44ページも参考にしてね！

ミカタ 5

並べてみる

いろいろなペットボトルを並べてみよう。

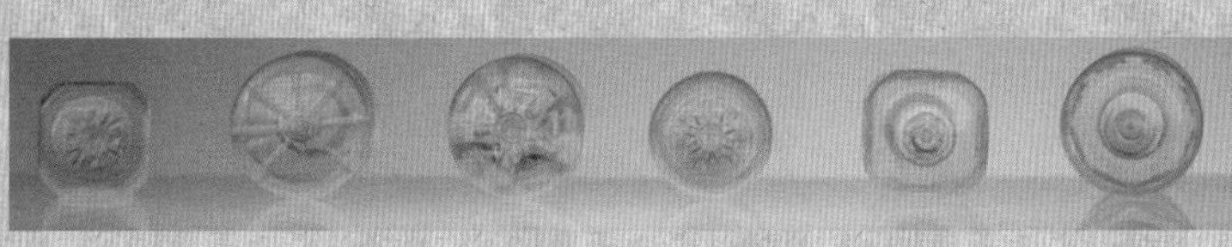

フシギ！

側面のでこぼこがあったりなかったりするのはどうして？

フシギ！

底の形もみんなちがう。どうしてだろう？

フシギ！

同じところはどこかな？ 何か決まりがあるのかな？

ほかにも並べてみたら何か「フシギ」が見つかるかな？

観察 1　自転車を並べてみよう

身近なものを並べてみよう。たとえば自転車。
たくさんの自転車を並べて見てみると…?

並べてみる前に話し合ってみよう

自転車ってみんな同じに見えるけど、よく見ると
たしかに少しずつ何かがちがうのかもしれないね。

そもそも、自転車のつくりをじっくり見たことがないな。
ぼくの持っている自転車は、ハンドルがまっすぐだよ。

ちがいだけじゃなくて、共通点を見つけてみようかな。
自転車をたくさん集めて並べてみようっと。

自転車を並べてみると?

10台の自転車を、1列に並べてみたよ。
いろんな自転車があるね。どこが同じで、どこがちがうかな?

フシギ1 柱が1本のものと2本のものがある!?

ハンドルの軸とサドルの軸をつなぐ部分の、柱の数にちがいがあった。左の自転車は2本だけど、右の自転車は1本。どうしてちがうの?

フシギ2 ハンドルの軸が傾いているのはなぜ?

どの自転車も、ハンドルの軸が地面に対して斜めになっていた。傾きの角度は、どれも同じかな? この傾きに、何か理由があるのかな?

フシギ 3 ハンドルの軸の先は曲がっている!?

どの自転車も、ハンドルの軸が前輪にはまっているあたりで、少しだけ前に曲がっていた。なぜ少しだけ曲がっているんだろう？　ここがまっすぐだったらどうなるの？

ハンドルの軸が傾いているのは、なぜ?

観察2 ハンドルの軸が傾いている理由を探ろう

前のページのフシギ❷に注目してみよう。もっといろんな形の自転車を集めて見比べたり、実際に乗ってみたりして、実験してみよう。

ステップ1 ほかの形の自転車はどうかな?

さらに自転車を集めてみたよ。ハンドルの軸は、やっぱり傾いているかな？

子ども用もふくめて、いろいろな形の自転車が９台。

線を引いて、傾きを確認してみよう。

フシギ 軸は全部傾いている!

新たに並べた自転車も、ハンドルの軸は、全部傾いていた。どうやら傾いているのは自転車に共通しているみたい。どうしてだろう？

ステップ2 乗った感じを比べてみると？

軸の傾きが65°の自転車と80°の自転車の乗り心地を調べてみよう。

軸の傾きが65°の自転車と、80°の自転車を実験用に準備したよ。

2台の自転車に乗ってみよう。

フシギ 傾きが80°のほうがぐらぐらする

傾きが直角に近い80°のほうが、ぐらついて走りにくく、傾きが65°の自転車のほうが楽に乗ることができた。どうしてかな？

ステップ3 ぐらつきを比べてみると？

まっすぐの線の上を走り、2台のぐらつき度合いを計測してみよう。

80°のほうが、まっすぐの線から大きくはみ出したよ。

フシギ なぜ傾きが80°だとまっすぐ走れないの？

傾きが直角に近い80°のほうが、まっすぐ走るのが難しかった。角度が少しちがうだけで、どうしてこんなに変わるんだろう？

 新しいフシギ＆まだまだあるフシギ 

並べてみて気づいたフシギを探ると、また新しいフシギが見つかった。
ほかにもまだまだいろんなフシギがあるはず。キミも探してみよう。

- 軸の傾きが80°だと、なぜ運転しづらいの？　傾きを50°にしたらどうなるの？
- ハンドルの軸の先がどれも少し曲がっているのはなぜ？

ほかにもいろんなものを並べてみよう。44ページも参考にしてね！

ミカタ 6

言葉にしてみる

たまごを言葉で説明してみると…？

細長い丸。片方が少しとがっている

全体が白っぽい

よく見ると、表面がぼこぼこしているような…

※ニワトリのたまご

フシギ！

どうして片方だけ、とがっているの？　まん丸じゃダメなの？

フシギ！

白くないたまごもあるのかな？

フシギ！

表面がぼこぼこしているのはどうして？

ほかにも言葉にしてみたら何か「フシギ」が見つかるかな?

観察1 ブロッコリーを見て言葉にしてみよう

みんなも知っている身近な野菜、ブロッコリー。
見たことがない人に説明するつもりになって、言葉にしてみると…？

ブロッコリーを言葉にしてみると?

全体の姿だけでなく、細かい部分も見てみよう。
言葉にしてみてどんなフシギが見つかったかな?

フシギ1 太いくきに葉っぱがついている?

木の幹のように見えるくきは、枝分かれしているよ。よく見ると、葉っぱみたいなものがついている。

フシギ2 でこぼこしているかたまりは何?

つぶつぶがギュッとかたまったまとまりがいくつかある。かたまりの大きさはさまざまで、表面はでこぼこ。これは何だろう?

フシギ3 もしかして木の仲間?

今度はブロッコリーを少し遠ざけて見てみたら、木みたいな形に見えた。もしかしてブロッコリーって木なの? もっと成長したら、背が高くなるのかな?

フシギ 4 カリフラワーとは同じ仲間なの？

ブロッコリーに似ている野菜、カリフラワー。並べてみると、木のような形も、ゴツゴツした部分も、よく似ているね。同じ仲間なのかな？　どうして色がちがうんだろう？

枝分かれしている部分もそっくり。

フシギ 5 小さなつぶつぶはいったい何？

ゴツゴツした部分をよく見ると、たくさんのつぶつぶがある。ギュッと集まっているね。これはいったい何だろう？　つぶの色や形はみんな同じかな？

小さなつぶつぶはいったい何？

観察2 ブロッコリーのつぶのひみつを探ろう

前のページのフシギ⑤に注目してみよう。小さなつぶの正体はいったい何？
拡大したり、時間をおいてみたりして、観察してみよう。

ステップ1 つぶをよく見てみると？

虫メガネを使って見てみよう。1つぶずつ見てみると、何か見つかるかも。

横から見ると、縦長で、つぼみみたい。

上から見ると…。1つ開きかけているつぶを発見！

フシギ つぶの正体はつぼみ!?

つぶを大きくして見てみると、少し開きかけているものがあった。やっぱりこれは、ブロッコリーのつぼみなの？

ステップ2 つぶを開いてみると？

つぶを1つ取り出して、よく見てみよう。中はどうなっているんだろう？

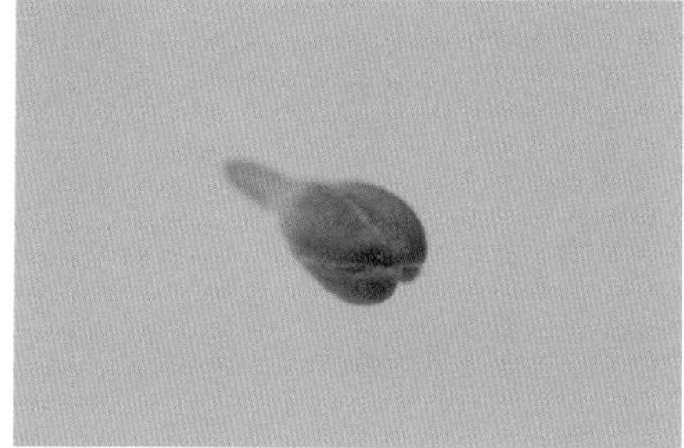

1つぶはこんな形。

中を開くと、芽のようなものが入っていた。

フシギ つぶの中身は芽!?

つぶを開くと、芽のように見えるものが数本入っていた。まわりの緑色の部分より、色がうすい。これは何だろう。

収穫せずに育てていくと?

これは畑に植えられた、収穫前のブロッコリー。育っていくようすを観察すれば、つぶの正体がわかるかもしれない。

くきのまわりには、大きな葉っぱがある。

ブロッコリーって
こんなふうに
生えていたんだね

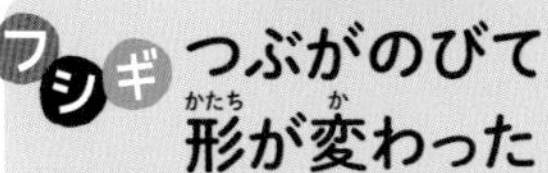

フシギ つぶがのびて形が変わった

1つぶずつが上にのびて、でこぼこの部分の形が変わった。先端に広がってきたふくらみは何だろう?

2週間後、つぶがのびてきたみたい。

フシギ つぶは花のつぼみ!?

1か月後、つぶが開いて、黄色い花がさいた。つぶの正体は、ブロッコリーの花のつぼみ? カリフラワーも同じように、花がさくのかな?

1か月後、つぶが開いて花がさいた。

新しいフシギ&まだまだあるフシギ

言葉にしてみて気づいたフシギを探ると、また新しいフシギが見つかった。
ほかにもまだまだいろんなフシギがあるはず。キミも探してみよう。

- **カリフラワーは、ブロッコリーの色ちがい? どうして色がちがうの?**
- **ブロッコリーは花がさいたあとに、種ができるのかな? どんな種なんだろう?**

ほかにもいろんなものを言葉にしてみよう。44ページも参考にしてね!

もっと やってみよう

１章の６つのミカタを使ってみると、おもしろそうなものを紹介するよ。キミはどんなフシギを見つけられるかな？

下から見てみる

14～19ページ

✷カメ

上から見たときと、どんなところがちがうかな?

✷ダンゴムシ

あしはどこにどんなふうについているのかな?

断面を見てみる

8～13ページ

✷ダンボール

重いものを入れて運べるダンボール。じょうぶなつくりのひみつは、断面を見るとわかる!?

✷ネギ

切る部分によって断面はちがうのかな?
白い部分と緑色の部分を比べてみると…?

中を見てみる

26～31ページ

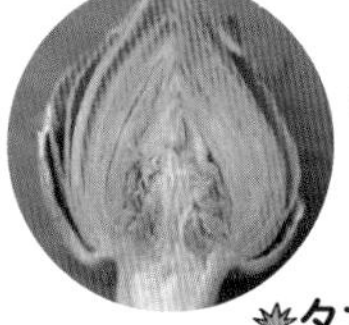

✷花のつぼみ

花びらはどんなふうに入っているのかな?

✷タマネギ

どんどん皮をむいていくと、中には…?

大きくしてみる

20～25ページ

✷しゃぼん玉

大きくしてみると、どんなふうに見える?

✷チョウの羽

きれいな模様をよく見ると…?
表面に何が見えるかな?

言葉にしてみる

38～43ページ

✷空のようす

たとえば、空にうかぶ雲のようすを言葉にしてみよう。

✷音

目をつぶって耳をすましてみよう。どんな音が聞こえてくるかな？　いろんな音を言葉にしてみると…?

・水の音　・楽器の音
・動物や虫の鳴き声

並べてみる

32～37ページ

✷ぼうし

家族のぼうし、友達のぼうし、いろんなぼうしを並べてみると…?

✷葉

大きさ、色、形…。
いろいろな葉を並べてみよう。

第2章

予想してみよう

ミカタ
7 作ってみる

ボールを投げる人の動きをねんどで作ってみよう。

作ってみたら実際の動きと比べてみよう

フシギ！

ボールを投げないほうのうでは、どんなふうに動かしているのかな？

フシギ！

前に出ているのはどっちのあしだっけ。どうしてそっちのあしを出すんだろう？

フシギ！

投げ方はいつも同じ？変わるとすれば、それはどうして？

ほかにも作ってみたら何か「フシギ」が見つかるかな？

予想 1 ねんどと針金でアリを作ってみよう

ねんどや針金を使って、身近なものを作ってみよう。たとえば、アリ。
アリってどんな形だったかな？　思い出しながら作ろう。

頭には2本の触角があって、
目と口がついているんだ！

頭と胸の2つでできていて、
あしが横にはえているはず。

全身がつながっていて、
あしは8本くらいかな。

からだはいくつに
分かれていたっけ？

アリを作るために
使ったもの

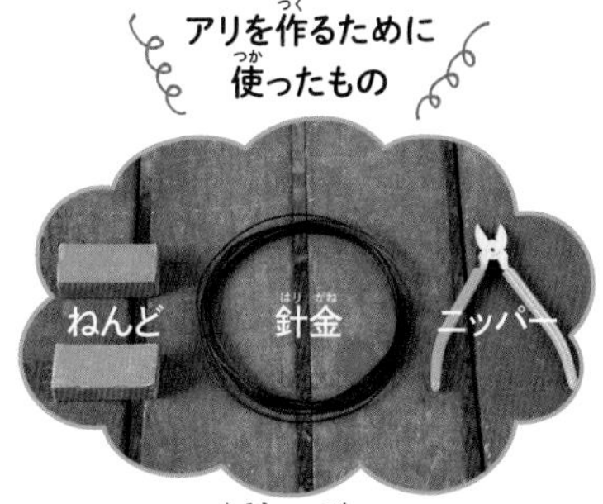

キミも予想して作ってみよう

実際のアリは…？

大きくしたアリの写真を見てみよう。
キミが作ったアリと比べてみると、どんなフシギが見つかるかな？

フシギ 1 どうしてあしが6本なの？

小さなからだに、６本の長いあし。数は４本でも８本でもなく、６本だった。どうして６本なんだろう。６本のあしをどんなふうに使って歩くのかな？

フシギ 2 からだは大きく3つに分かれている？

アリのからだは、頭、胸、腹の大きく３つに分かれているみたい。３つの部分のさかい目は、細くくびれているね。でも、よく見ると胸と腹の間にもう１つ何かあるみたい？　これは？

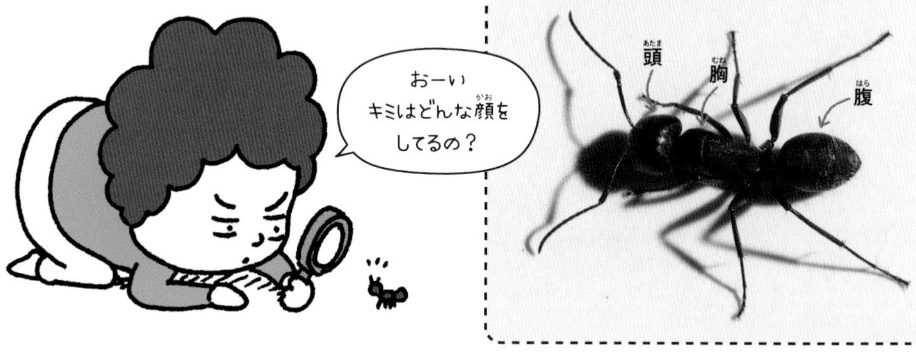

フシギ3 あしは胸についている?

横から見ると、長いあしが、からだをしっかり支えているよ。よく見たら、6本のあしは全部、胸から出ているみたい。どうしてだろう。何か理由があるのかな？

頭についている触角って何?

目と目の間に、2本の長い触角がついている。どうして触角は、頭についているのかな？　何のためについているんだろう。

口はのこぎりのよう?

顔をよく見ると、アリの口はとても大きくて、のこぎりみたいなギザギザがついていた。まるでキバみたい。ほかの虫もこんな形なのかな？　なぜこんな形をしているんだろう？

腹に金色の毛?

たまごのような形の腹は、胸より大きくて、ふくらんでいる。これは何のためだろう？　よく見ると、先が少しだけとがっていて、金色の毛が生えているみたい。どうして？

アリはどうやって歩いているの?

予想2 アリはどうやって歩いているの？

前のページのフシギ❶に注目してみよう。
6本のあしをどんなふうに動かして歩いているんだろう。予想してみよう。

予想して話し合ってみよう

右あし3本、左あし3本を交ごに使って歩くよ。

前あし2本は方向を変える役割、後ろあし4本は前に進む役割をしているとか？

6本のあしは、バラバラに動いているんじゃない？

実際の歩き方を見てみると?

アリのあしの動きを、連続写真を使ってじっくり見てみよう。キミの予想は?

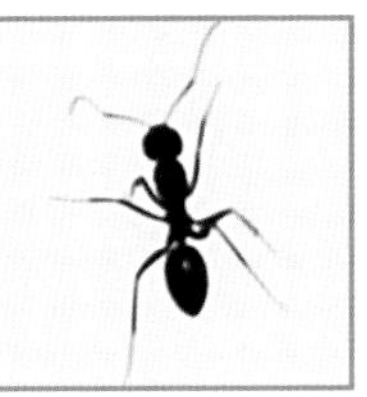

わかりやすいように、あしに色をつけてみると…

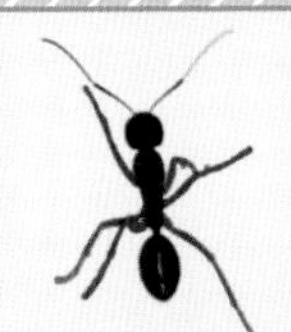

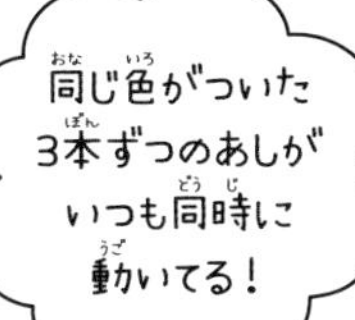

フシギ なぜ3本ずつ動くの?

2本のあしと反対側の1本のあしの3本ずつがセットになっていて、このセットを交ごに前に出して進んでいた。どうしてこんな歩き方をするんだろう?

新しいフシギ & まだまだあるフシギ

作ってみて気づいたフシギを探ると、また新しいフシギが見つかった。
ほかにもまだまだいろんなフシギがあるはず。キミも探してみよう。

- 胸と腹のさかい目にあるものは何?
- 口がのこぎり型なのはなぜ?
- なぜあしが6本あるの?
- どうして腹がふくらんでいるの?

ほかにもいろんなものを作ってみよう。82ページも参考にしてね!

ミカタ 8

まねしてみる

1本あしで立っている、フラミンゴのポーズをまねしてみよう。

フシギ！

片あしで立っているのはたいへん！　フラミンゴはどうしてそんな立ち方なんだろう？

フシギ！

ずっと同じほうのあしで立っているのかな？　それともときどき交代するの？

フシギ！

ほかにも１本あしで立つ動物はいるのかな？

ほかにもまねしてみたら何か「フシギ」が見つかるかな？

予想1 ペンギンの歩き方をまねしてみよう

鳥の仲間なのに、水の中を上手に泳ぐペンギン。
そういえば、ペンギンの歩き方ってどんなふうだっけ？　思い出しながらまねしてみよう。

つばさの先を横に開いて左右にゆれながら進むよ。

首を前に、おしりを後ろにつき出して、あしをピンとのばして歩いていたと思う。

胸を張って、両方のつばさを交ごに前後にゆらして歩くんじゃない？

実際のペンギンの歩き方は?

動物園にいるペンギンを、前から、横から、見てみよう。
どんな不思議が見つかるかな?

フシギ1 前かがみで歩いている?

歩くのはあまり速くないみたい。よちよち歩いている。よく見るとからだを前に傾けているね。前に転んでしまわないのかな?

フシギ2 短いあしを曲げずによちよち歩く?

あしが短くて歩きづらそう。体のバランスがうまくとれていない感じだね。あしを曲げずにピンとのばして、交ごに動かしているよ。ひざはないのかな?

フシギ3 おなかの下が動いている?

よく見ると、歩くたびにおなかの下のほうが動いているみたい。おなかの中に何か入っているのかな?

ペンギンはどうしてよちよち歩くの?

予想2 ペンギンはどうしてよちよち歩くの？

ペンギンが、よちよち歩きになってしまうのはなぜ？
どうしてあしを曲げないの？　なぜ前かがみなの？　予想してみよう。

あしが短いから、曲げられないんじゃない？

だとしたら、どうしてあしが短いんだろう？　寒いところにすんでいるから、あしが短くなったのかな。

歩きにくそうに見えるよね。歩くことは、あんまりないのかな。泳ぐときはどうしているんだろう。

前かがみになると、自然にあしが前に出るよ。だから前かがみなんじゃないかな。

ペンギンのあしをよく見てみると？

ペンギンのあしの動きをじっくり見たら、フシギが見つかるかも。
今度は、骨のつくりが見える、特別な機械を使って見てみよう。

正面から見ると

おなかの下から短いあしが出ている。あしはいつも開いているのかな？

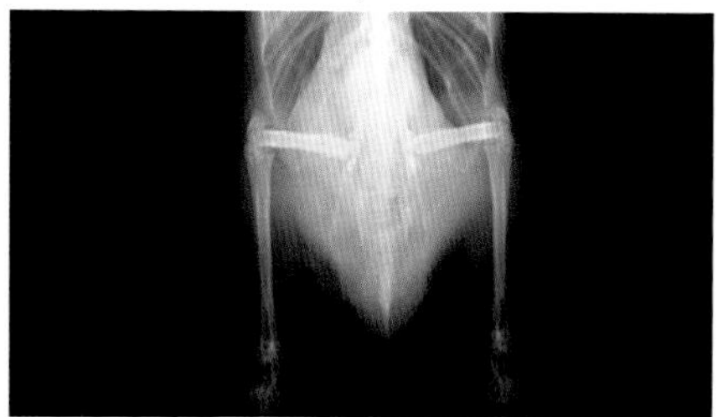

おなかのところまで、あしがある！　あしは短くなかったみたい。

フシギ おなかの中にあしがかくれている？

あしの骨は、体の中にも続いていた。じつはあしが短いわけではなかったみたい。おなかの中にかくれていただけだったのかな？

横から見ると

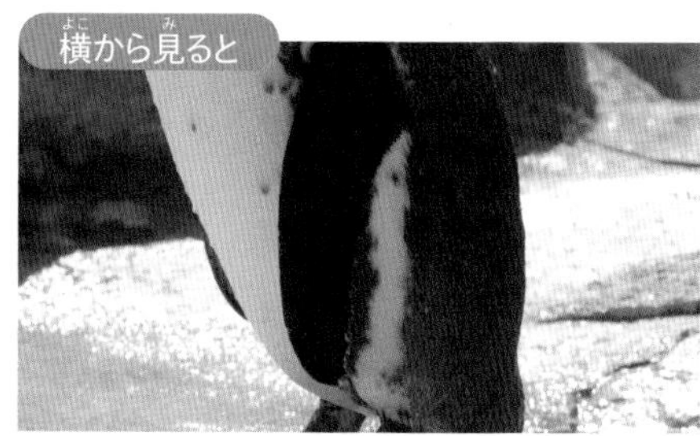

あしはどこにかくれている？

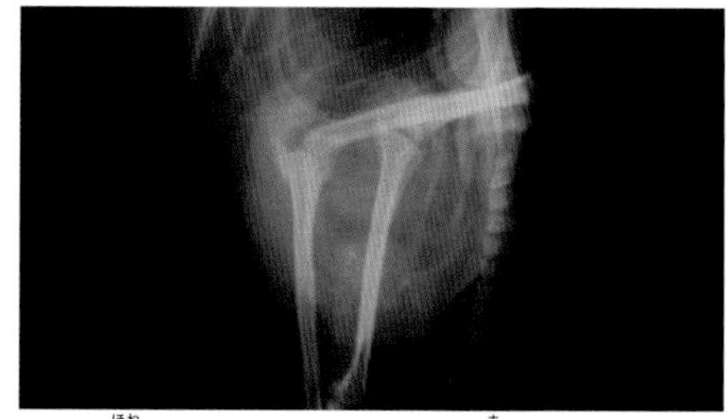

あしの骨は、ひざがあるみたいに曲がっている。

フシギ おなかの中であしを曲げている？

おなかの中にかくれていたあしは、ひざを曲げているような形になっていた。ペンギンはあしを曲げたまま、歩いているのかな？

あらためてペンギンの歩き方をまねしてみよう

あしを折り曲げて歩くペンギンの歩き方を、もう一度まねしてみよう。
ペンギンの気持ちがだんだんわかってくるかも!?

どうしても
前かがみに
なっちゃう…

キミも試してみよう！
うまく歩けるかな？

あ、歩き
にくい…

フシギ 前かがみなのは、あしを折り曲げていたから!?

ひざを曲げながらでは、歩きにくい。こしが後ろへ引けてしまってたおれちゃう。だから、ペンギンはいつも前かがみなのかな？

新しいフシギ＆まだまだあるフシギ

まねしてみて気づいたフシギを探ると、また新しいフシギが見つかった。
ほかにもまだまだいろんなフシギがあるはず。キミも探してみよう。

- どうしてあしがおなかの中にかくれているの？
- ペンギンは走れるの？
- 魚のようなひれがないのに、どうして泳ぐのが得意なの？

ほかにもいろんなものをまねしてみよう。82ページも参考にしてね！

ミカタ 9

描いてみる

ヒマワリの花を何も見ないで描いてみよう。

描き終えたら実際のヒマワリと見比べてみよう

フシギ!

花の真ん中はどんなふうかな？　真ん中の部分は何になるんだろう？

フシギ!

花のさき始めと、花が終わるときの形は同じかな？

フシギ!

花びらみたいなものの形はどんなふう？　枚数は決まっているのかな？

ほかにも描いてみたら何か「フシギ」が見つかるかな？

予想1 シマウマのしま模様を描いてみよう

シマウマのしま模様ってどんなふうだっけ？　何も見ないで自由に描いてみよう。
描いてみると、どんなことに気づくかな？

※コピーをとって使おう

実際のシマウマは…？

これが実際のシマウマ。キミが描いたシマウマと比べてどうだったかな？
細かく調べてみよう。

フシギ 1 しま模様はまっすぐじゃない？

しま模様は、太さもそろっていなくて複雑。曲がっているものがあったり、途中で2つに分かれているものもあるよ。どうして全部まっすぐなしまじゃないんだろう？

フシギ 2 おしりのしまは太くて少ない？

おしりのしまは太くて、しまとしまの間も広い。おしりからは、胴体までの縦じま※とはっきりと切りかわって、横じまになっている。ほかのシマウマも同じなのかな？

※生物学的には上から見て背骨と同じ向きが「縦」ですが、ここでは立っている状態を、横から見たようすで表しています。

フシギ 3 口のまわりはしまがない？

顔にもしまがあった。目のところまでは、体と同じ向きのしまが続いているね。目から先は、ちょっと向きが変わるよ。でも、どうして口のまわりにはしまがないの？

フシギ 4 しっぽにもしまがある？

後ろから見てみると、しっぽにもちゃんと細かいしまがあった。でもぐるりと一周したしまではないみたい。表側の見えるところだけかな？　しっぽの先のほうは、だんだんしまがなくなっている…？

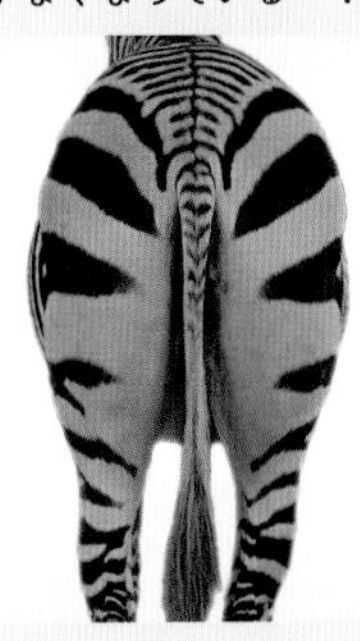

フシギ 5 どうしてしま模様の向きがバラバラなの？

しま模様の向きは、からだの部分によってバラバラ。全部縦でも、全部横でもない。どうしてちがうんだろう？　向きに何か意味があるのかな？

フシギ 6 背中でしま模様が分かれている？

上から見てみると、1本だけほかと向きのちがう黒い線があった。この背中の線をさかいに、からだの左側と右側のしまが2つに分かれているみたい。どうして分かれているんだろう？

しま模様の向きはどうしてバラバラなの？

※ここにのっているのは、ヤマシマウマの仲間。種類によってしま模様はちがうよ。

予想2 しま模様の向きはどうしてバラバラなの?

前のページのフシギ⑤に注目してみよう。
しま模様の向きが全部同じじゃないのはどうしてだろう?

予想して話し合ってみよう

しま模様で、家族同士とかの見分けをつけているんじゃないかな。ほら、たとえば私たちが、お父さんやお母さんと顔が似ているみたいに!

シマウマがこんな模様をしている理由は、敵から身を守るためだと思うよ。複雑なしま模様だと、草原で身をかくしやすいんじゃない?

草原で役立つというよりも、群れでいるときに見つかりにくいんじゃないかな。群れでいると目がチカチカしそうじゃない?

オスのシマウマは、しま模様が入りくんでいるほど、メスにモテモテになるんじゃない? だから、あんなに向きがバラバラなんだよ。

まっすぐなしまのシマウマと見つかりやすさを比べてみると？

ふつうのシマウマの群れと、全部まっすぐなしまのシマウマの群れの絵を用意したよ。どちらが早く数えられるか、時間をはかって比べてみよう。

ふつうのシマウマ

まっすぐなしまのシマウマ

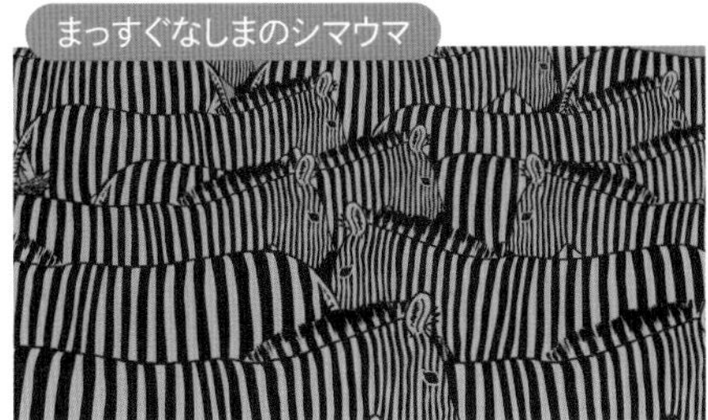

どちらが早く数えられるか、キミも試してみよう！

時間をはかってみたよ

結果は？

数えにくい

ふつうのシマウマ

平均23秒

数えやすい

まっすぐなしまのシマウマ

平均18秒

※実験結果は番組調べのもの

フシギ 全部まっすぐだと見つかりやすい!?

しまが全部まっすぐだと、ふつうのシマウマと比べて、群れの数を数えやすかった。ということは、単純な模様だと、敵につかまりやすいのかな？

新しいフシギ＆まだまだあるフシギ

描いてみて気づいたフシギを探ると、また新しいフシギが見つかった。
ほかにもまだまだいろんなフシギがあるはず。キミも探してみよう。

- ほかの種類のシマウマは、どんなしま模様なんだろう？
- シマウマは、赤ちゃんのころからしま模様なの？
- どうして白と黒のしま模様なの？

ほかにもいろんなものを描いてみよう。82ページも参考にしてね！

ミカタ 10 さかのぼってみる

グレープフルーツの時間をさかのぼってみると…？

フシギ！

ふさになっていて、ブドウみたい！　どうしてこんなふうに実がなるんだろう？

フシギ！

似ているオレンジやミカンも、同じようにふさ状になっているのかな？

フシギ！

さらにさかのぼってみたら、どんな花がさいているんだろう。花も集まってさくの？

ほかにもさかのぼってみたら何か「フシギ」が見つかるかな？

予想1 収穫前までバナナの時間をさかのぼってみよう

バナナの実は、どんなふうに木になっているか知ってる?
収穫前のバナナは、あといのどっちが上を向いているんだろう?

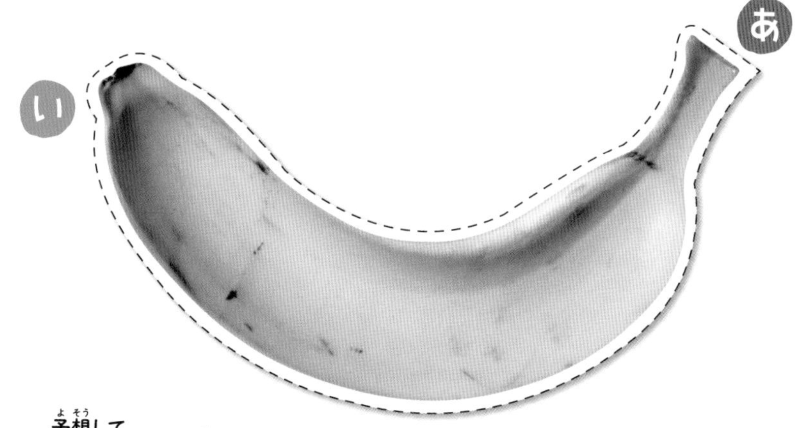

予想して
話し合ってみよう

あが上を向いていて、1本ずつ、くきにぶら下がるようになっていると思う。

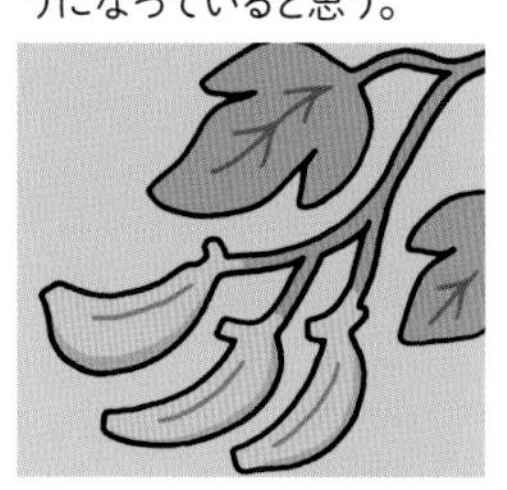

ぼくもあが上を向いていると思う。でも、木の上のほうに、数本が束でなっているんじゃない?

いが上を向いていると思うな。地面から束で生えていて、まわりは葉っぱでおおわれているの。

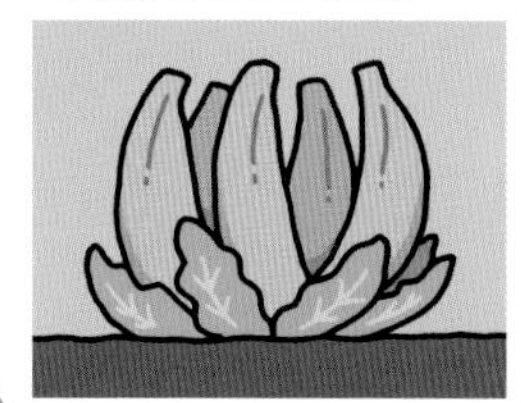

収穫前のバナナを見てみると?

収穫前のバナナを見てみよう。どっちが上を向いている?
もっと時間をさかのぼってみたら、どんなフシギが見つかるかな?

フシギ 1 バナナの上はこっち!?

収穫直前のバナナを見ると、65ページのバナナのいのほうが、全部上を向いていたよ。しかも先のほうに、何かついているみたい。これは何だろう? もっと時間をさかのぼってみたらわかるかな?

フシギ2 赤いものはバナナの花?

収穫3か月前のバナナを見てみると、枝の先に赤いものが下向きについていた。これはいったい何だろう?

フシギ3 赤いものの上に小さなバナナ?

左の写真から2週間後、赤いものの上に小さなバナナが！　でも、ほとんど下や横を向いている。このときはまだ上向きになっていないね。このあと上向きになるのかな?

フシギ4 バナナはだんだん上向きになっていく?

赤いものはずっと下向きだけど、その上についている小さなバナナは、成長するにつれて上向きになっていった。最初は下や横を向いていたのに、どうしてだろう?

フシギ5 バナナの先にあるものは何?

バナナが上向きになっていく途中、先に黄色いものがついていた。でも収穫直前のころには、黒くなった。これはいったい何だろう?

バナナの実はどうして上向きにのびるの?

予想2 バナナの実はどうして上向きにのびるの?

バナナの実はどうして上向きにのびるんだろう?
下向きにのびることはないのかな?

予想して話し合ってみよう

バナナの実はどうして上向きにのびるんだろう。ふつうだったら、重くて下を向いてしまいそうなのに、すごい力だよね。

太陽のほうに向かって、のびているとか? そういう花があるって聞いたことがあるよ。

わかった! 赤いものが下を向いているから、もしかしたら、それに邪魔にならないように、バナナの実は上を向いてのびるんじゃない?

だとしたら、赤いものが上を向けば、バナナの実は下向きにのびるってこと? えー、ほんとかなあ?

予想 バナナの実は赤いものと逆方向にのびる!?

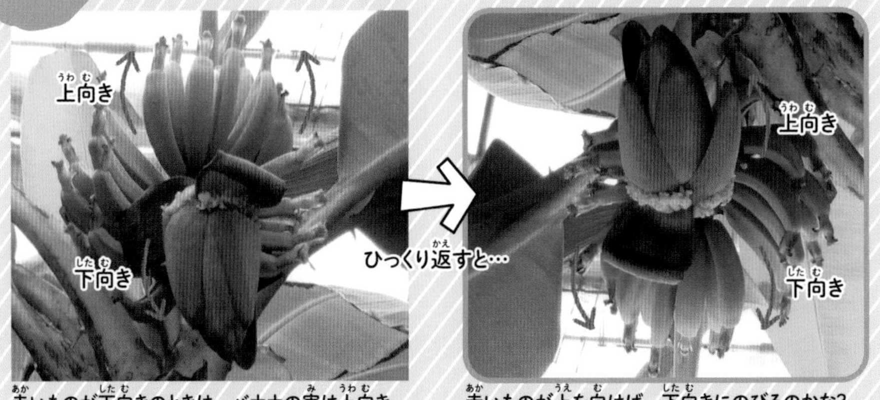

赤いものが下向きのときは、バナナの実は上向き。

赤いものが上を向けば、下向きにのびるのかな?

赤いものを上向きに固定してみると?

赤いものを上向きにしたら、バナナの実は反対に下向きにのびるのかな?
実験してみよう。

出てきたばかりの赤いものを、ひもで上向きに固定してみたよ。

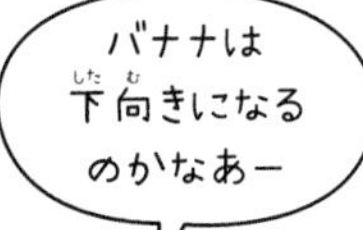

約1か月後…

バナナはやっぱり上にのびていた。

フシギ バナナの実の向きと赤いものの向きは関係ない!?

赤いものを上向きに固定しても、やっぱりバナナの実は上に向かってのびた。赤いものの向きとは関係ないのかな？

新しいフシギ&まだまだあるフシギ

時間をさかのぼってみて気づいたフシギを探ると、また新しいフシギが見つかった。
ほかにもまだまだいろんなフシギがあるはず。キミも探してみよう。

- バナナの先についていた黒いものは何?
- バナナの木1本には、何本のバナナがなるの?
- 赤いものはバナナの花なの?

ほかにもいろんなものの時間をさかのぼってみよう。82ページも参考にしてね!

ミカタ 11
間を考えてみる

オタマジャクシってどうやってカエルになるの？
成長するまでの間を考えてみると…？

フシギ！

あしは、どうやってできるのかな？　後ろあしから？　前あしから？

フシギ！

カエルになると、水中だけでなく陸にもいられるよね。いつからそうなるんだろう。

フシギ！

からだの色は、いつ、どうやって変わるんだろう？　途中は何色？

ほかにも間を考えてみたら何か「フシギ」が見つかるかな？

予想1 メロンが熟すまでの間を考えよう

実ができ始めたばかりのメロンから、あみ目模様のあるメロンができるまでの間に、どんな変化があったんだろう。間を考えてみよう。

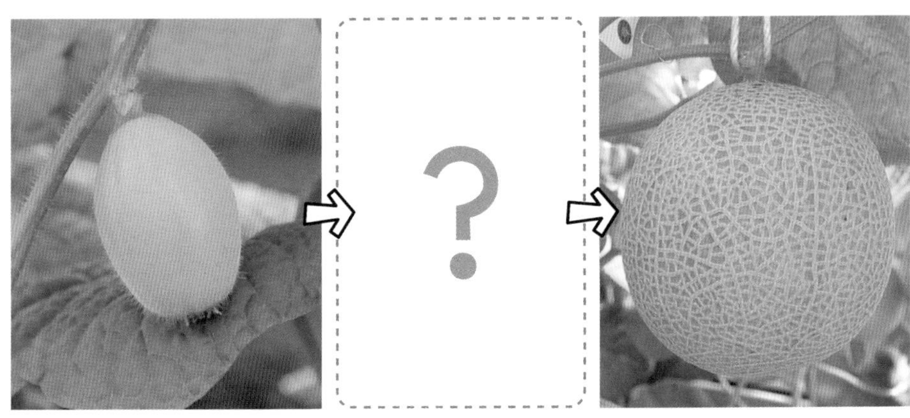

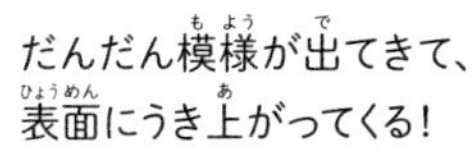

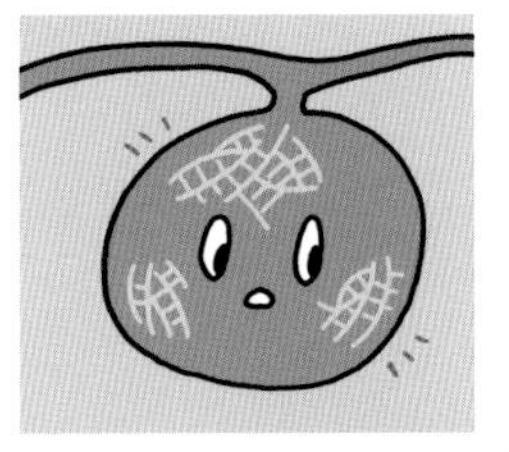

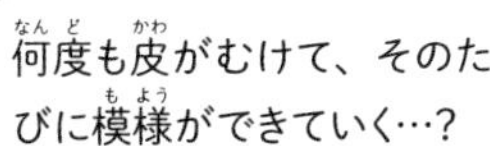

模様は上のほうから少しずつできていくんじゃないかな。

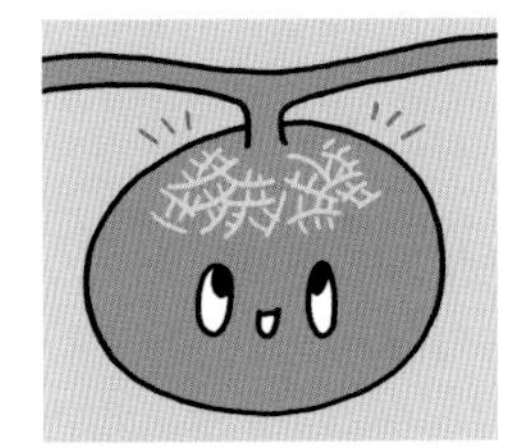

メロンが成長していくようすは?

ビデオカメラをセットして、40日間、どうやってメロンが成長するのかを記録に残してみたよ。どんなフシギが見つかるかな?

撮影スタート。まだ実が小さくて、細長い。あみ目模様は見られないね。

どんどん大きくふくらんでいくよ。色が少し薄くなってきた。

10日目

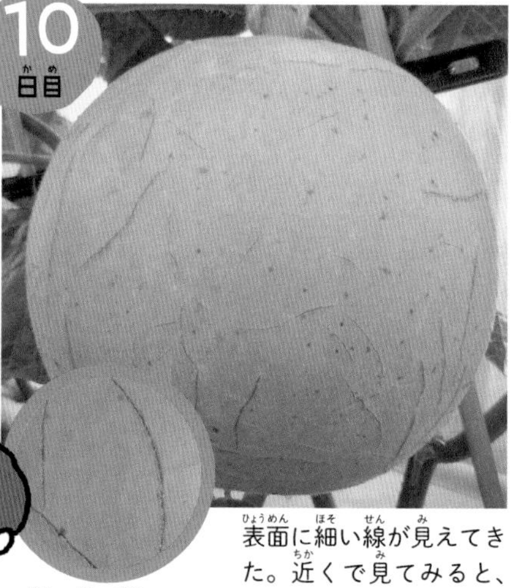

表面に細い線が見えてきた。近くで見てみると、なんだか、ふくらんでできたひび割れみたい。

縦、横、斜め。
いろんな方向だ。

赤ちゃんと
大人の間に
どんな変化が
あるのかな?

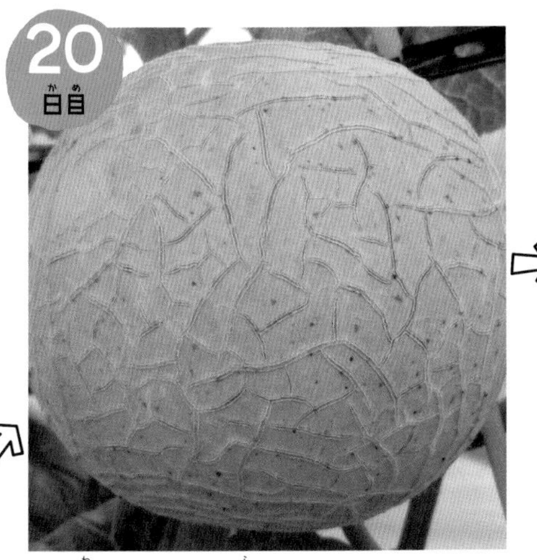

ひび割れがだんだん増えていき、ところどころに小さな点が出てきた。

割れ目がなくなり、表面に白っぽくうき上がってきた。点の数が減った。

表面を拡大。割れ目がうまってかさぶたみたい。

点はなくなった。うき上がった白い線がさらに盛り上がって、あみ目模様が完成した。

フシギ1 全体に同時に模様ができていくのは?

メロンの模様は、全体に均一に広がっていくようにできていった。上のほうからできたり、下のほうからできたりすることがないのはなぜだろう?

フシギ2 メロンの模様は割れ目にできる?

成長途中でできた割れ目をふさぐように、白い盛り上がりができて、それがあみ目模様になっているように見えた。本当にそうなのかな?

メロンの模様は割れたところにできる?

予想2 メロンの模様は割れたところにできる？

前のページのフシギ❷に注目してみよう。
本当に割れ目があみ目模様になったのかな？

予想して
話し合ってみよう

たしかに割れ目はたくさんあったけど、それが模様になっているわけじゃないんじゃない？

メロンの模様は、割れ目にできたかさぶたみたいなものだと思うな。ぼくたちもけがをしたところがかわくと、ぷくっとかさぶたができるじゃん。

でも、人間のかさぶたは、そのうちとれちゃうよね。だったらメロンのかさぶたもとれちゃうはずだよ？

だったら、わざとメロンに傷をつけて割れ目を作ってみて、それがそのまま模様になるか、試してみようよ！

予想 メロンに割れ目をつけたら、それが模様になる！？

成長の途中のメロンに、バツ印の傷（割れ目）をつける。

成長すると…

つけた傷はなくなる？　それとも傷の通りに模様ができる？

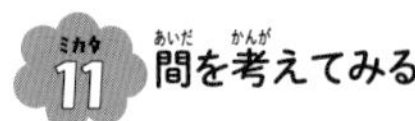

表面に傷をつけて そのあとのようすを見てみると？

メロンの表面に傷をつけても、時間が経てばなくなるのかな？
それともそのまま模様になるのかな？　実験してみよう。

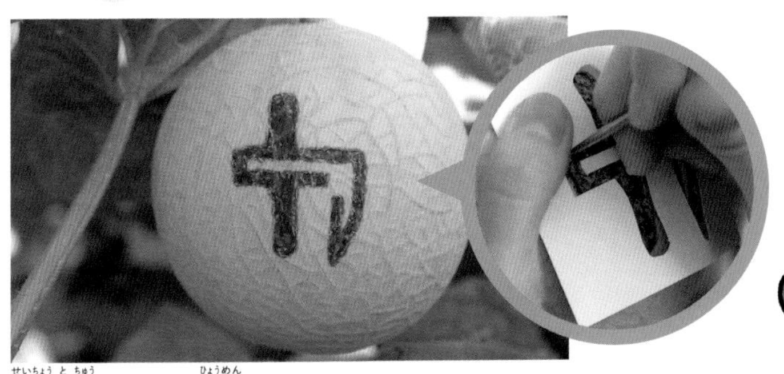

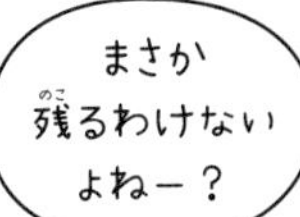

成長途中のメロンの表面に「カ」の文字をほってみる。内側は緑色。

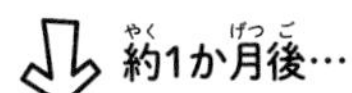
約1か月後…

ほった部分がふくらんで、「カ」の字の模様ができた。

フシギ 傷をつけた部分が模様に!?

傷をつけて緑色になったところが、まわりのあみ目と同じように盛り上がって白い模様になって残った。やっぱりメロンの模様は、割れ目にできたかさぶたみたいなものなのかな？

新しいフシギ＆まだまだあるフシギ

間を考えてみて気づいたフシギを探ると、また新しいフシギが見つかった。
ほかにもまだまだいろんなフシギがあるはず。キミも探してみよう。

- あみ目はメロンの皮なの？　なぜ白く盛り上がるの？
- 途中、表面にできた小さな点は何？
- ほかの果物や野菜に傷をつけたらどうなるの？

ほかにもいろんなものの間を考えてみよう。82ページも参考にしてね！

ミカタ 12 持ち上げてみる

2つの箱①と②を手に持って、重さを比べてみると…?

②ペットボトルが入った箱に空箱を重ねた

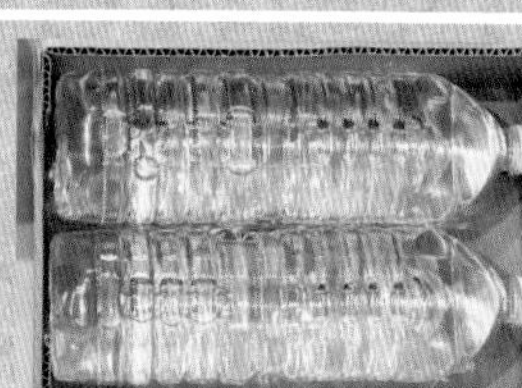

上の段

下の段

①ペットボトルが入った箱

①

②

※箱の中には、2Lのペットボトル2本が入っているよ。
実験をする場合は、ペットボトル4本と、それが入る大きさの段ボール箱を3つ用意しよう。

なんと!

②のほうが軽く感じた!
いったいどうしてだろう?

予想しながら考えてみたら何か「フシギ」が見つかるかな?

予想1 どうして箱2段のほうが軽いと感じるの?

箱1段のほうが軽いはずなのに、箱2段のほうが軽いと感じるのはなぜだろう? 予想してみよう。

見た目とのギャップ?

見た目で箱1段のほうが軽いと思って持つから、持ち上げてみると「重い!」というギャップで、1段のほうを重いと感じちゃうんじゃない?

人によってちがう?

ちがう人が持ち上げてみたら、箱1段のほうが軽いと感じる人もいるんじゃない? ほかの人に持ち上げてもらったらどうかな?

空箱が重さを吸収?

箱2段のほうは、下の空箱が上の箱の重さをかなり吸収しちゃうんじゃない?

空箱の数?

下に重ねる空箱の数をもっと増やしてみたらどうかな? さすがに重いと感じると思う。

いろいろな方法で箱を持ち上げてみると？

前のページで予想したことをたしかめるために、ほかの方法でも箱を持ち上げて、感じ方を調べてみよう。

フシギ1 目かくしをしても2段のほうが軽く感じる

見た目にだまされているということはないか、目かくしをして、1段の箱と2段の箱を持ち比べてみた。それでもやっぱり2段のほうが軽いと感じた。どうしてだろう？

フシギ2 空箱を2つにしてもやっぱり軽く感じる

下に重ねる空箱を増やして、3段にしてみたらどうかな？　持ち比べてみると、やっぱり1段よりも軽く感じた。空箱を増やせば、もっと軽くなるのかな？

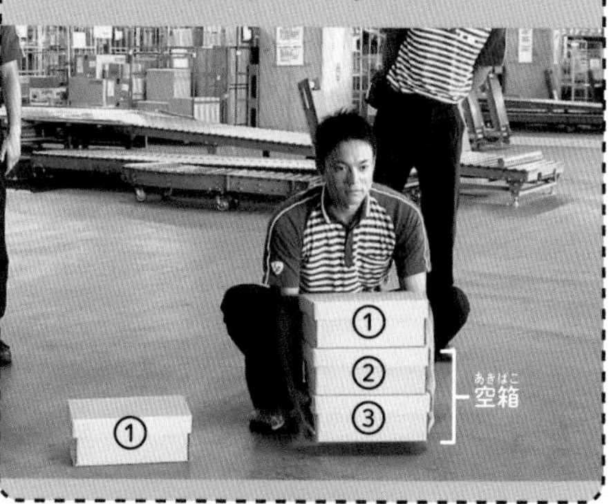

フシギ3 だれが持っても2段のほうが軽く感じる

人によって変わらないかどうか、年齢も男女も関係なく、いろんな人に持ってもらった。それでもやっぱり、全員が2段のほうが軽いと感じた。どうして？

2に注目！ いくつ空箱を重ねても1段よりも軽く感じるのかもしれない!?

予想2 いくつ空箱を重ねても軽く感じるのかな?

見た目のせいでもなく、人によってちがうわけでもないみたい。
空箱の数が、感じる重さと関係しているのかな?

どうやら、見た目にだまされているわけじゃなかったみたいだね。本当の重さと、実際に感じる重さがちがうなんて、フシギだね。

予想して話し合ってみよう

やっぱり、空箱が関係しているんじゃないかなあ。

3段と1段を比べても、3段のほうが軽かったってことは、4段以上でも1段より軽いのかな?

いくら空箱だからといっても、たくさん積んだらさすがに重くなってくると思うなあ。3段くらいまでじゃないの〜?

予想 空箱の数を増やしていけば、いつかは1段より重くなる?

下に重ねる空箱の数をもっと増やしてみると…。

さすがに1段より重く感じるんじゃない?

空箱を増やして重さの感じ方を比べてみると?

空箱の数を1段ずつ増やしてみたらどうかな?
実験してみよう。

1段と3段

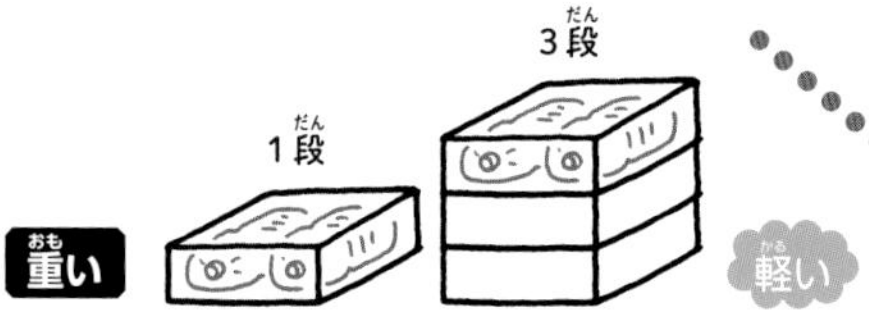

1段　3段

重い　軽い

3段のほうが軽く感じる。

1段と4段

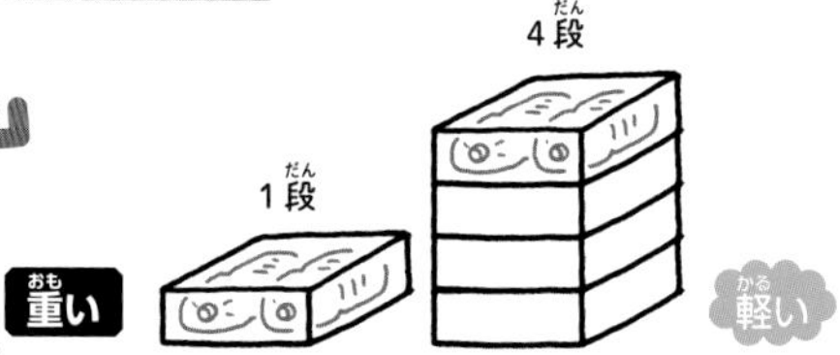

1段　4段

重い　軽い

4段のほうが軽く感じる。

1段と5段

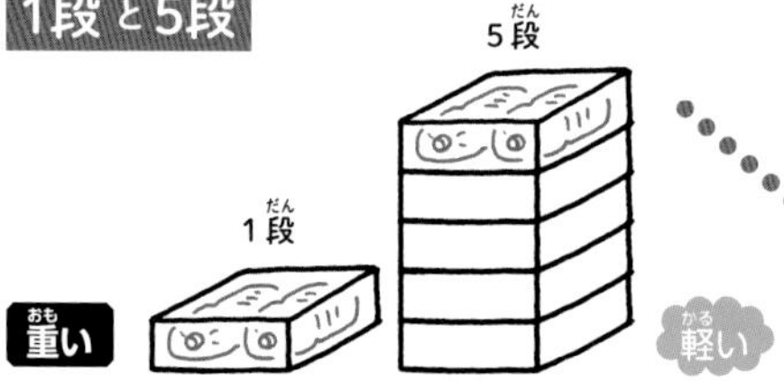

1段　5段

重い　軽い

5段のほうが軽く感じる。

1段と6段

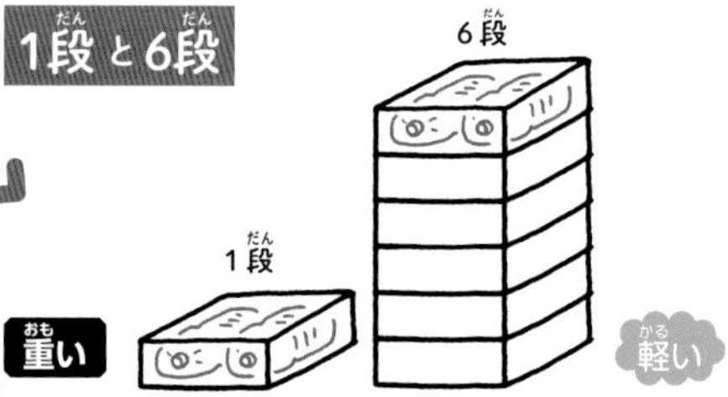

1段　6段

重い　軽い

6段のほうが軽く感じる。

1段と7段

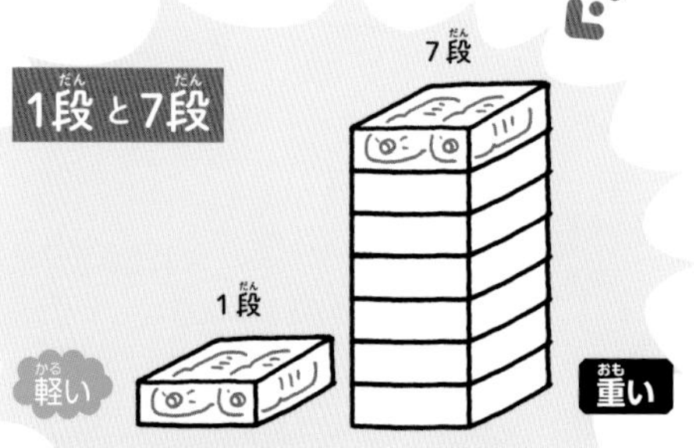

1段のほうが軽く感じる。ここで逆転した!

フシギ 空箱を重ねて軽いと感じるのは6段まで?

空箱が重なっても、6段までは軽く感じた。でも、7段になったところで、1段のほうが軽いと感じるようになった。たった1段のちがいで、どうしてこうなるの?

※実験結果は番組調べによるもの

空箱を増やしたときの重さをはかってみよう

実際の重さはどうかな。
1段から7段まで、はかりで重さをはかってみたよ。

※（　）の中は、1段との重さの差だよ。

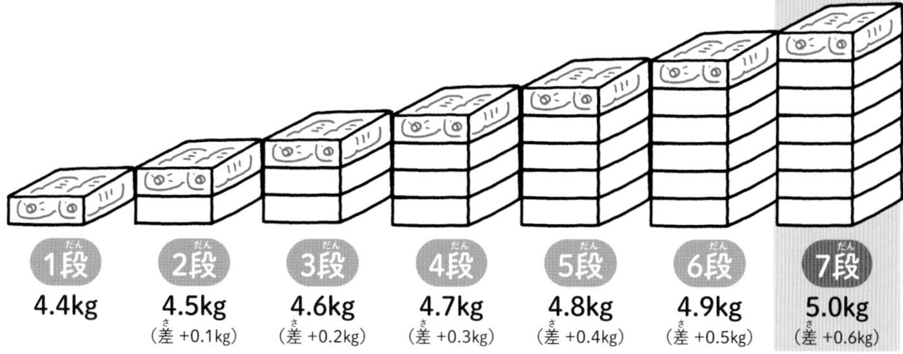

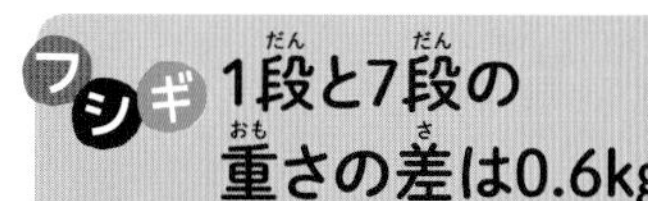

1段と7段の重さの差は0.6kg

空箱1個は0.1kgで、6段と1段とは0.5kgの差があった。7段との差は0.6kg。差が0.6kg以上になると、実際に重いほうが重いと感じるようになったってこと？

新しいフシギ＆まだまだあるフシギ

持ち上げてみて気づいたフシギを探ると、また新しいフシギが見つかった。
ほかにもまだまだいろんなフシギがあるはず。キミも探してみよう。

- **だれが持ち上げても、7段は1段より重く感じるの？**
- **箱に入れるペットボトルを1本にしても同じ結果になるの？**

ほかにもいろんなものを持ち上げてみよう。**82ページも参考にしてね！**

もっと やってみよう

2章の6つのミカタで、やってみるとおもしろそうなものを集めてみたよ。キミはどんなフシギを見つけられるかな？

作ってみる

46〜51ページ

虫

あしは何本?

からだのつくりはどうなっている?

・チョウ　・カブトムシ　・トンボ　・ダンゴムシ　など

動物

好きな動物を作ってみよう。

よく知っているつもりでも、作ってみると…?

・ネコ　・イヌ　・ウサギ　・インコ　など

まねしてみる

52〜57ページ

歩き方や食べ方、鳴き声などを思い出してまねしてみよう。

カンガルー

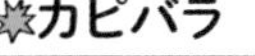

カピバラ

ハト

描いてみる

58〜63ページ

定規

メモリの線はどんなふうになっていたかな?

動物のからだの模様

たとえば、キリンやウシ、チーターなど、柄のある動物のからだの模様はどうだったかな?

さかのぼってみる

64〜69ページ

野菜や果物

どんなふうに実をつけるのかな?　花はさくの?

・ナス　・トマト　・オクラ　・モヤシ　・ニンジン　・ジャガイモ　・パイナップル　・ブドウ　など

ホタル

生まれたときからおしりが光っているのかな?

からだの形はずっと同じ?

間を考えてみる

70〜75ページ

ニワトリ

どんなふうにトサカができるの?

→?→

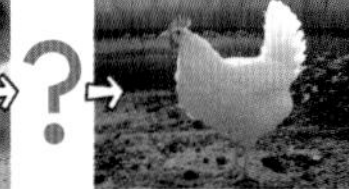

アゲハチョウ

どうやって幼虫から変身するの?

→?→

持ち上げてみる

76〜81ページ

2Lのペットボトルを持って体重をはかってみよう

持っていないときと比べて、重さはどのくらい変わると思う?

2Lのペットボトルの持つ場所を変えてみよう

ふたの部分を持ったときと、底を持ったときで、感じる重さは変わるかな?

第3章（だい3しょう）

実験（じっけん）してみよう

ミカタ 13

数えてみる

ハリセンボンの針を数えてみると…？

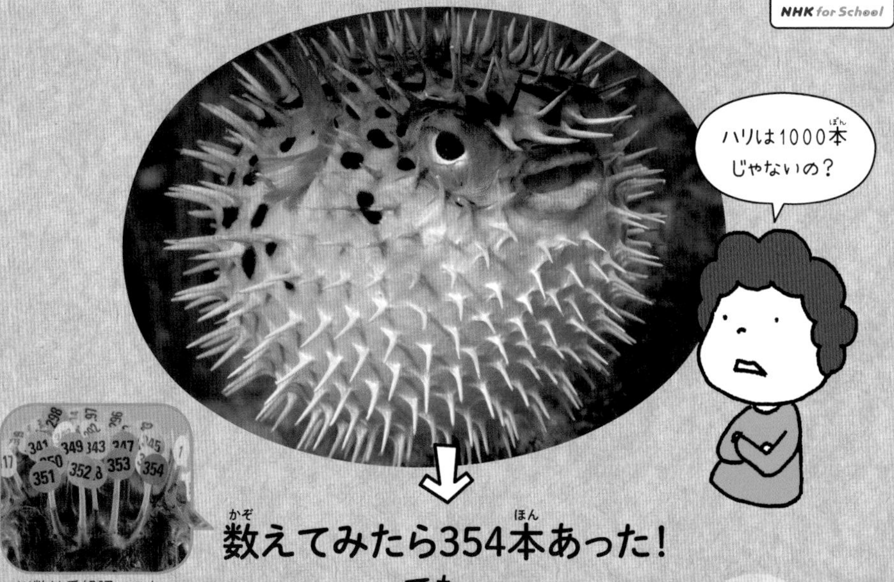

※数は番組調べのもの

数えてみたら354本あった！

でも…

フシギ！

どのハリセンボンもこれくらいの数なのかな？

フシギ！

ちょうど1000本の針を持つハリセンボンもいるの？

フシギ！

まだ子どもなのかな？大きくなったら1000本になるの？

ほかにも数えてみたら何か「フシギ」が見つかるかな？

実験1 トウモロコシのつぶを数えてみよう

びっしりとすきまなく並んでいるトウモロコシのつぶ。
いったいいくつあるんだろう？　数えてみると…？

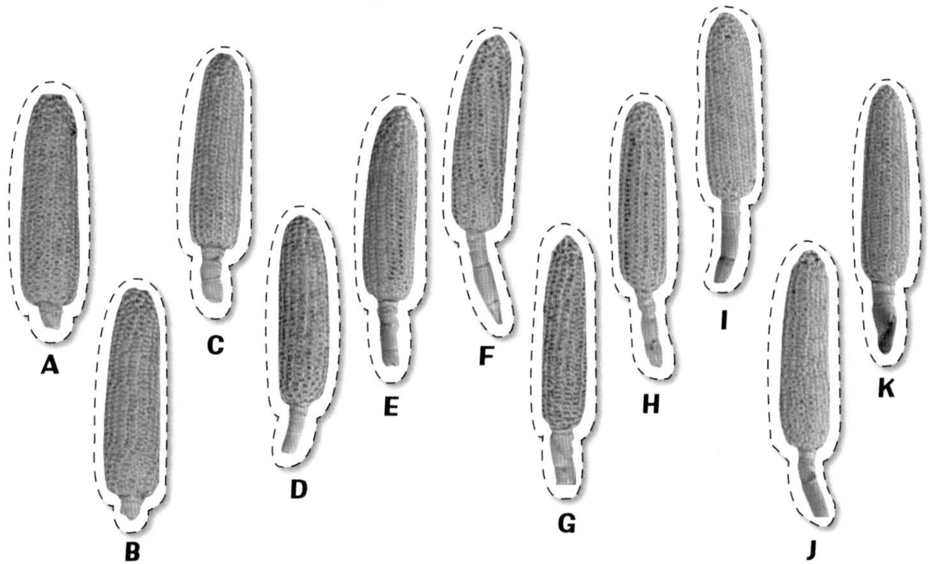

数える前に予想してみよう

太さがちがえば、つぶの数もちがうと思う。太いトウモロコシは、きっとつぶが多いよ。

大きいトウモロコシと小さいトウモロコシとでは、つぶの大きさがちがうんじゃないかな。

1本に1000つぶくらいはありそう。数えるのはたいへんだ～

どうやって数えればいいんだろう。簡単に数える方法はないのかなあ。

トウモロコシのつぶを数えてみると?

11本のトウモロコシを、つぶの多い順に並べてみたよ。
何か気づいたことはあるかな?

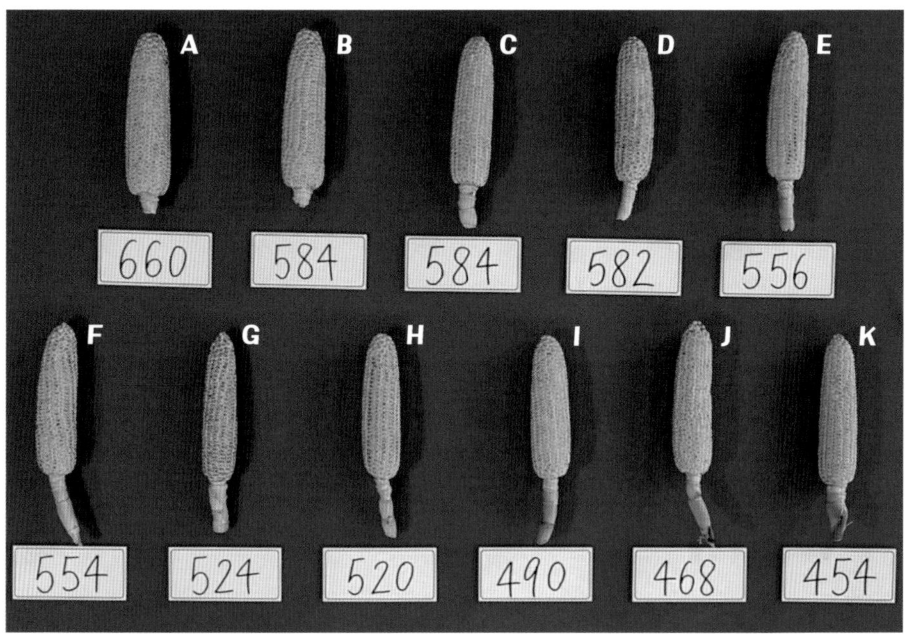

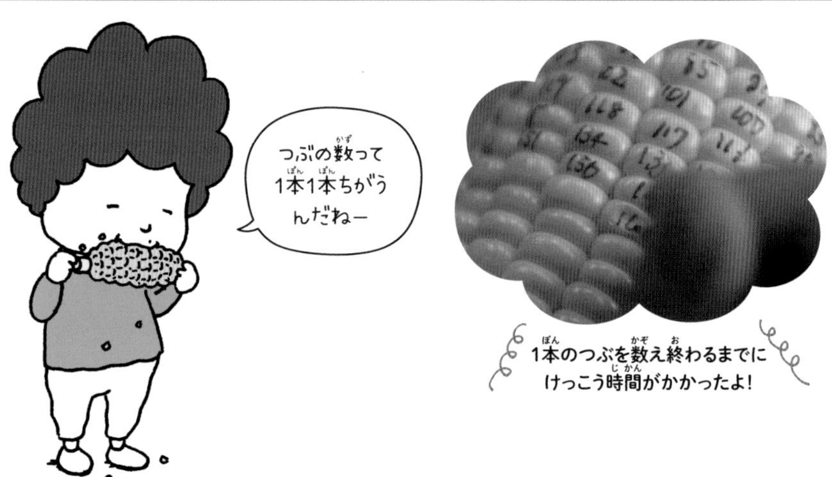

1本のつぶを数え終わるまでに
けっこう時間がかかったよ!

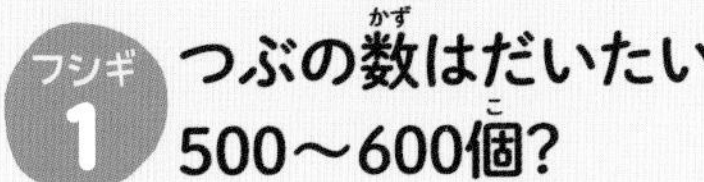

フシギ1 つぶの数はだいたい500〜600個?

ここで数えた11本のトウモロコシでは、つぶがいちばん多いのが660個で、いちばん少ないのが454個。500個台は７本だから、半分以上あるね。つぶの数は、どのトウモロコシも500〜600個なのかな？

フシギ2 太いほうが数は多いとはいえない?

つぶの数が454個のトウモロコシと524個のトウモロコシを比べてみると、454個のほうが見た目は太い。太いものほど、つぶの数も多いとはいえないみたい。どうしてだろう？

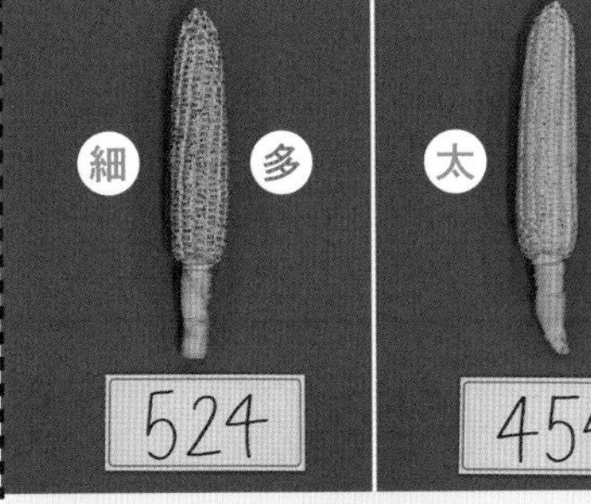

フシギ3 どうしてつぶは1列に並んでいるの?

つぶの並び方をよく見ると、縦１列に並んでいることに気づくね。少しねじれていることもあるけれど、列が途切れることなく、上から下までつながっているみたい。どうしてだろう？

フシギ4 つぶの数は全部偶数!?

全部のトウモロコシの数の、一の位に注目すると、0、4、4、2、6、4、4、0、0、8、4。あれ！　11本とも偶数だよ。これは偶然なのかな？　それとも理由があるのかな？

つぶの数が偶数なのは、偶然!? それとも…？

実験2

つぶの数が偶数になる理由を探ろう

前のページのフシギ4に注目してみよう。
もう一度、別の見方で数えたら、つぶの数が偶数になる理由がわかるかな?

ステップ1 1列のつぶの数はいくつ?

Aのトウモロコシの縦1列のつぶの数を数えてみよう。全部偶数かな？

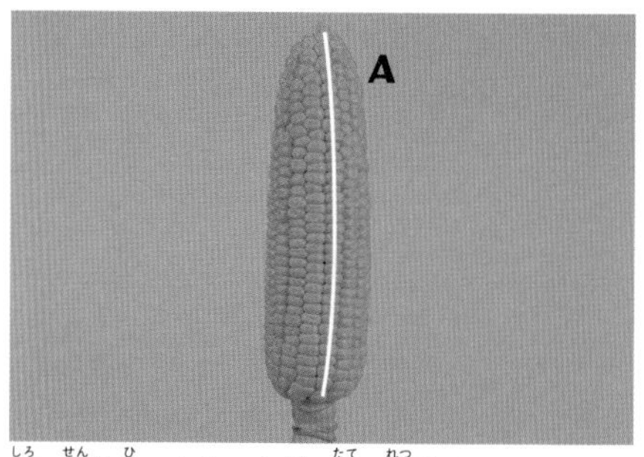

白い線を引いたところが、縦の列だよ。

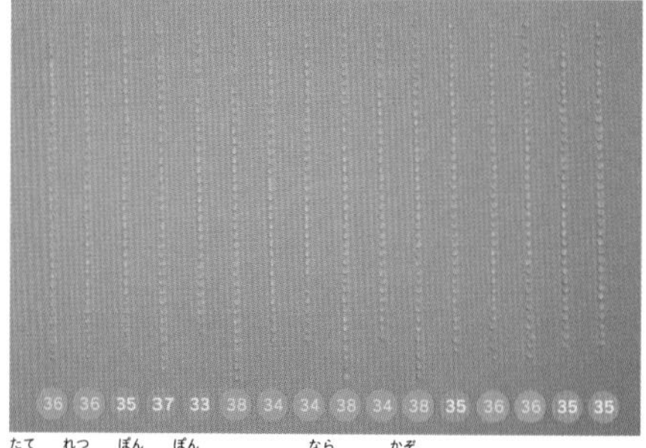

縦の列1本1本のつぶを並べて数えたよ。

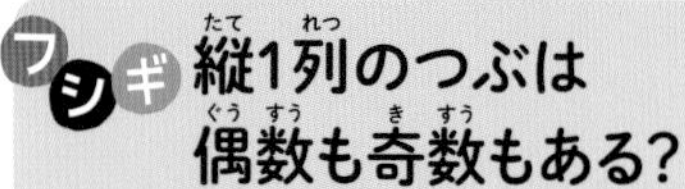

フシギ 縦1列のつぶは偶数も奇数もある?

1列のつぶは、33個から37個で、数はバラバラ。あれ？　どうして？

ステップ2 列は何本?

ステップ1で数えた縦の列の本数は、いくつだろう？

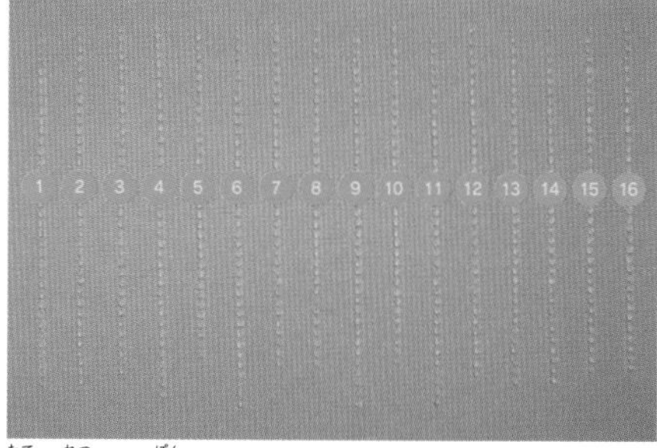

縦の列は16本あった。

フシギ 列の本数はいつも偶数!?

16本ということは、偶数だ。ほかのトウモロコシはどうなんだろう？

ステップ3 ほかのトウモロコシの列は？

BとCのトウモロコシの列の本数も偶数かな。数えてみよう。

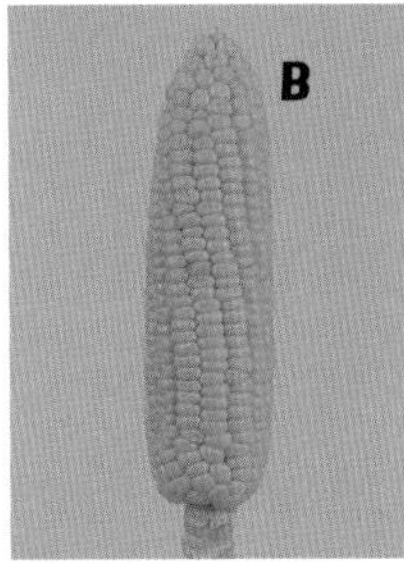

Bのトウモロコシの列を数えてみるよ。

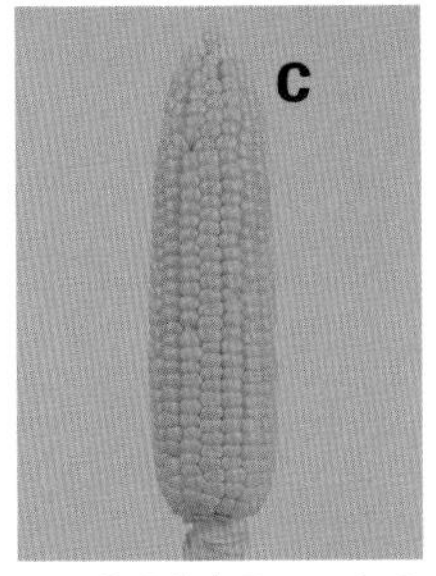

Cのトウモロコシの列を数えてみるよ。

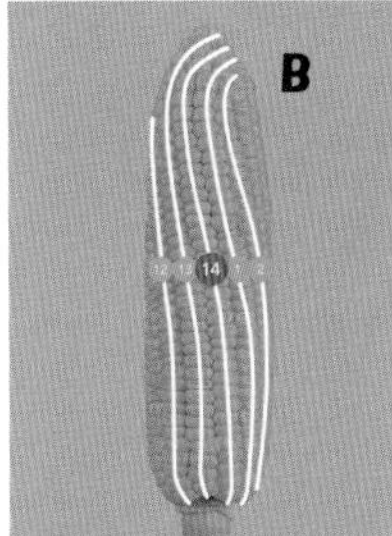

縦の列は14。偶数だった。

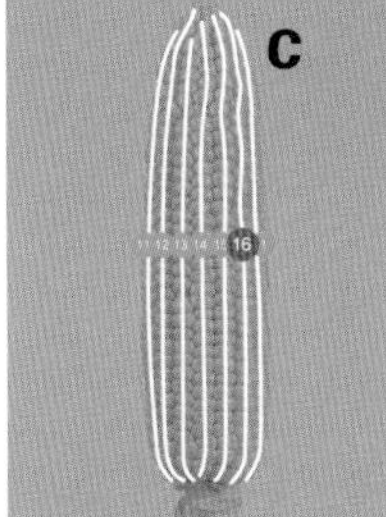

縦の列は16。またもや偶数。

フシギ 列の本数がどれも偶数なのはなぜ？

ほかのトウモロコシを数えても、列の本数はどれも偶数だった。どうして偶数なのかな？

ステップ4 断面を見てみよう

Aのトウモロコシを、真ん中あたりで割って、断面を見てみよう。

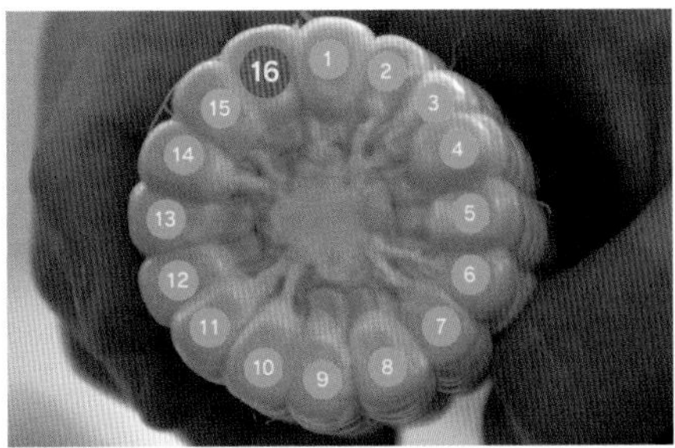

断面のつぶを数えてみると16個だね。

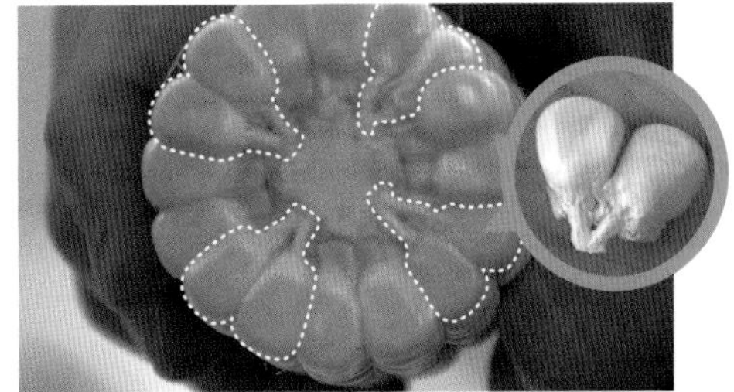

よく見ると、つぶが２つずつつながっているよ。

フシギ つぶは2つずつペアになっている!?

根元がふたまたに分かれて、その先に２つのつぶがついてペアになっていた。だからトウモロコシのつぶが偶数だったのかな？

新しいフシギ＆まだまだあるフシギ

数えてみて気づいたフシギを探ると、また新しいフシギが見つかった。
ほかにもまだまだいろんなフシギがあるはず。キミも探してみよう。

- つぶが2つずつのペアになっているのはなぜ？
- トウモロコシについているひげは何のため？
- つぶって全部同じ大きさなの？
- つぶはトウモロコシの種？

ほかにもいろんなものを数えてみよう。120ページも参考にしてね！

ミカタ 14

比べてみる

いろんなカエデの葉を比べてみると…？

どこが似ていてどこがちがう？

フシギ！

形は似ていても、大きさや色はみんなちがうみたい。どうして？

フシギ！

とがった部分の数が、5つ、6つ、7つ…いろんなものがある。どうしてかな？

フシギ！

切れこみの入り方に深いのと浅いのとがあるよ。どうして？

ほかにも比べてみたら何か「フシギ」が見つかるかな？

実験 1 いろんなまつぼっくりを比べてみよう

長いもの、丸いもの、小さいもの、大きいもの、
いろんな種類のまつぼっくりを集めたよ。比べてみると…？

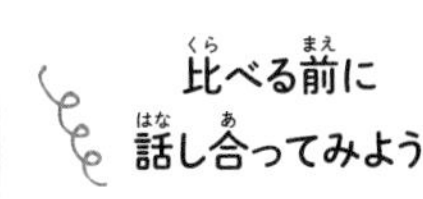

こんなにいろんな
まつぼっくりが
あるんだね！
知らなかった！

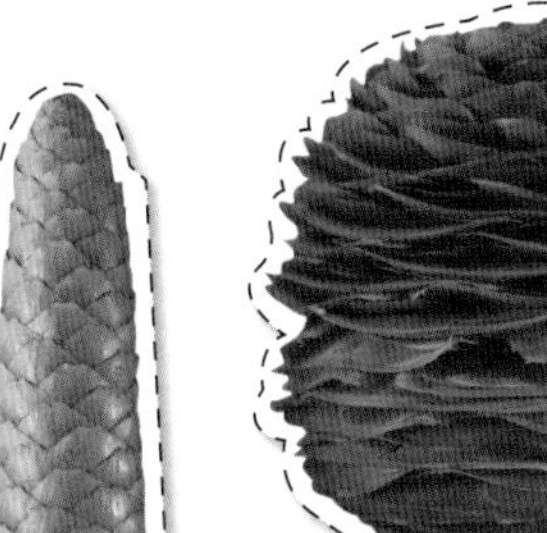

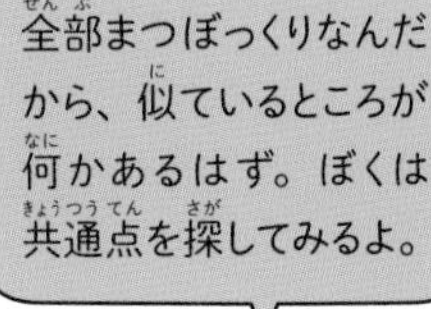

全部まつぼっくりなんだ
から、似ているところが
何かあるはず。ぼくは
共通点を探してみるよ。

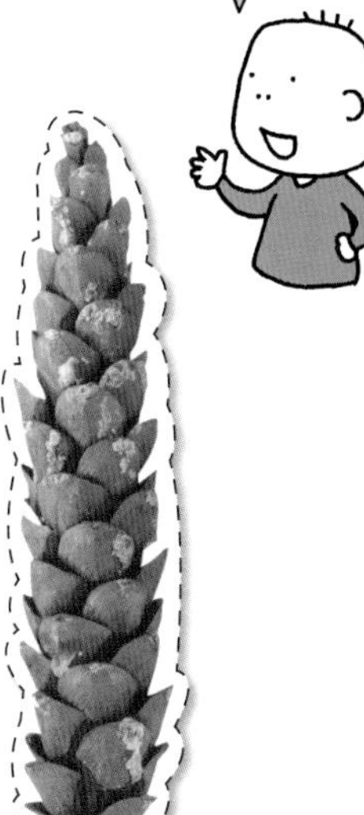

重さはどれくらい
なんだろう。やっ
ぱり大きいほう
が重いのかな。

まつぼっくりを比べてみると？

いろいろなまつぼっくりの似ているところはどこ？　ちがうところはどこ？
比べてみたら、どんなことに気づくかな？

フシギ 1 全部にうろこがある？

大きいものや小さいもの、細長いものや丸っこいもの、いろんな形がある。でも、どのまつぼっくりもうろこみたいなものでできている？

うろこのすきまにあるのは何？

右の写真のまつぼっくりのうろこのすきまをのぞいてみると、何かが入っている。取り出してみたら、羽の生えた虫みたいなもの。左の写真のまつぼっくりには入っていないのに…。これは何だろう？

すきまに何も入っていないまつぼっくり。

すきまに何かが入っているまつぼっくり。

うろこみたいなものはどれも右回り？

まつぼっくりを下のほうから見ると、うずを巻いている。いろいろ比べてみると、どれも右回り（時計回り）。どうしてみんな同じ方向なんだろう？　何か理由があるのかな？

フシギ 4 なぜうろこが開いていたり閉じていたりするの？

同じ種類のまつぼっくりでも、うろこが開いているものと、閉じているものがあった。閉じているものは、ずっと閉じているままなのかな？　どうしてこんなちがいがあるんだろう？

うろこが開いているものと閉じているものがあるのはなぜ？

実験2 まつぼっくりのうろこの開閉のなぞを探ろう

前のページのフシギ4に注目してみよう。閉じているものと、開いているもの。2つのまつぼっくりをいろいろな角度から見たり、実験したりして見比べてみよう。

重さを比べると?

同じ種類で大きさもほぼ同じまつぼっくりで、重さをはかって比べてみよう。

閉じたまつぼっくりと、開いたまつぼっくり。

重さを比べると、閉じたまつぼっくりのほうが重い。

フシギ なぜ閉じているほうが重いの?

閉じたもののほうが、開いたものの2倍近い重さがあったよ。どうしてだろう? 中に何か入っているのかな?

中を見比べると?

中にちがいがあるのかな。縦に切って断面を比べてみよう。

左は閉じたまつぼっくり、右は開いたまつぼっくり。

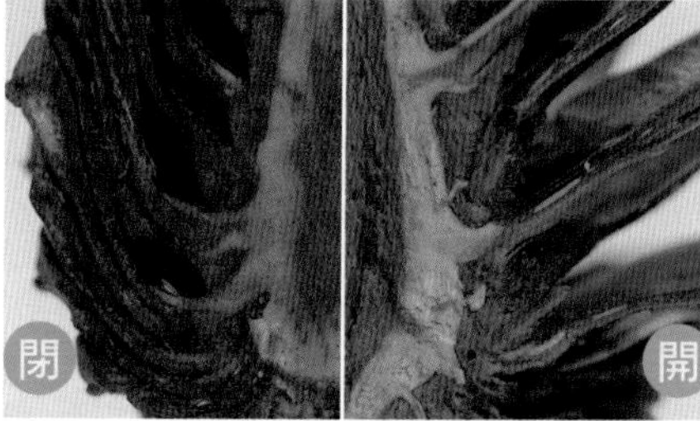

閉じたほうは中心部分が茶色くて、開いたほうは白っぽい。

フシギ なぜ中心の色がちがうの?

閉じたまつぼっくりのほうが中心の色が濃い。どうしてだろう? もしかして、しめっているのかな?

ステップ3 水につけてしめらせると?

開いたまつぼっくりをしめらせたら、どうなるかな?

水につけると?
NHK for School

開いたまつぼっくりをコップの水にひたすと…。

⇩ 1時間後…

1時間たつと完全に閉じた。

フシギ しめらせると閉じる!?

開いたまつぼっくりは、時間がたつとだんだん閉じていって、1時間後に完全に閉じてしまった。どうしてだろう?

ステップ4 熱をあててかわかすと?

今度は、閉じたまつぼっくりをかわかしてみよう。開くかな?

かわかすと?
NHK for School

しめらせて閉じたまつぼっくりを、温めてかわかしてみると…。

⇩ 8時間後…

8時間後に、完全に開いた。

フシギ かわかすと開く!?

しめらせて閉じたまつぼっくりを再びかわかすと、だんだん開いて完全にもと通りに開いた。やっぱり水が関係しているのかな?

 新しいフシギ&まだまだあるフシギ 

比べてみて気づいたフシギを探ると、また新しいフシギが見つかった。
ほかにもまだまだいろんなフシギがあるはず。キミも探してみよう。

- **まつぼっくりのすきまに入っていた羽みたいなものは何?**
- **どうしてまつぼっくりのうずは右回り?**
- **まつぼっくりってそもそも何? 何かの実なの?**

ほかにもいろんなものを比べてみよう。120ページも参考にしてね!

ミカタ 15

さわってみる

いろいろな紙をさわってみると…？

半紙

トイレットペーパー

新聞紙

ティッシュペーパー

フシギ！

さわり心地がつるつるのものと、ざらざらのものがあったよ。どうして？

フシギ！

同じ折り紙でも、さわった感じが少しちがうみたい。何がちがうんだろう？

フシギ！

表と裏のさわり心地が、ちがうものと同じものがあった。どうして？

ほかにもさわってみたら何か「フシギ」が見つかるかな?

実験1 いろいろな素材をさわってみよう

両手でさわって比べてみよう

用意したのは、次の6つの素材。厚みも大きさもすべて同じだよ。感じる温度はどうだろう。さわり比べてみると…？

さわる前に話し合ってみよう

ガラスはいつも
ひんやりしてるよね。

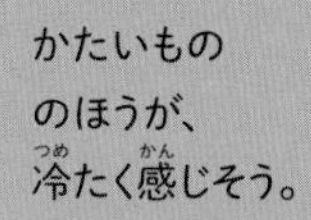

木

プラスチック

ガラス

発泡スチロール

鉄がいちばん
冷たいと思う！

感じ方は、
人によってちがう
んじゃない？

6つの素材をさわってみると?

6つの素材をいろいろな組み合わせでさわってみよう。
どんなことに気づくかな?

鉄は木より冷たい?

鉄の板と木の板をさわってみると、鉄のほうが冷たく感じた。そういえば、冬に鉄ぼうをさわるとすごく冷たいね。どうしてだろう?

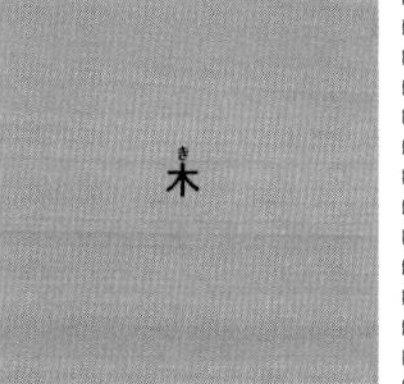

発泡スチロールは冷たくない?

発泡スチロールと木を比べると、木のほうが少しだけ冷たく感じた。発泡スチロールは、温かいくらい。発泡スチロールから熱が出ているのかな?

発泡
スチロール

同じ程度に冷たく感じるものもある?

プラスチックとゴムを比べると、ほんの少しだけプラスチックのほうが冷たく感じたけど、ほとんど同じくらいだった。

冷

プラスチック

ゴム

いろいろな組み合わせでさわってみると…

冷	
鉄	ガラス
鉄	プラスチック
鉄	ゴム
鉄	発泡スチロール
ガラス	プラスチック
ガラス	ゴム
ガラス	木
ガラス	発泡スチロール
ゴム	木
ゴム	発泡スチロール
プラスチック	木
プラスチック	発泡スチロール

フシギ4 いちばん冷たいと感じたのは鉄？

冷たいと感じたものを左から並べると、下のように、鉄、ガラス、プラスチック、ゴム、木、発泡スチロールという順になった。でも、どうしてだろう？

指先で温度を感じる寿司職人が証明！

鉄	ガラス	プラスチック	ゴム	木	発泡スチロール

冷 ⟷ 温

どうして鉄がいちばん冷たいと感じるの？

実験2 鉄を冷たいと感じるなぞを探ろう

前のページのフシギ4に注目してみよう。温度計や特別な機械を使って、どうして鉄がいちばん冷たく感じるのかを探ってみよう。

ステップ1 実際の表面温度は?

デジタル温度計で、実際にそれぞれの表面温度をはかってみよう。

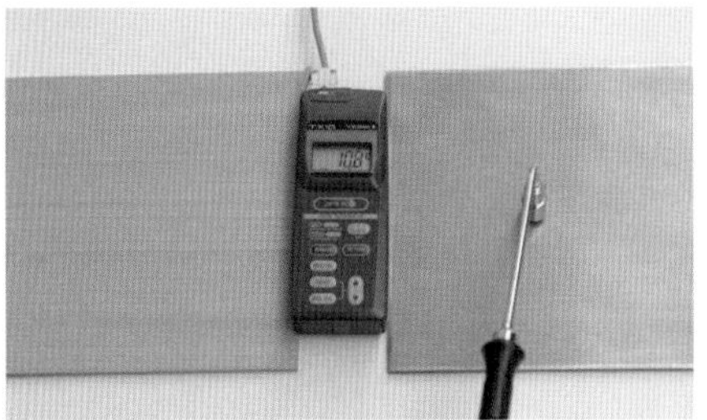

さあ、結果はどうなるかな?

ほとんどが21～22℃前後。

フシギ 実際はどれもほとんど同じ温度!?

表面温度をはかった結果、最高が22.2℃で最低が21.8℃。ほとんど差がなかった。鉄がいちばん冷たく感じたのになぜ?

ステップ2 鉄をさわった手の温度は?

温度が見た目でわかるカメラで、手の温度変化を見てみよう。

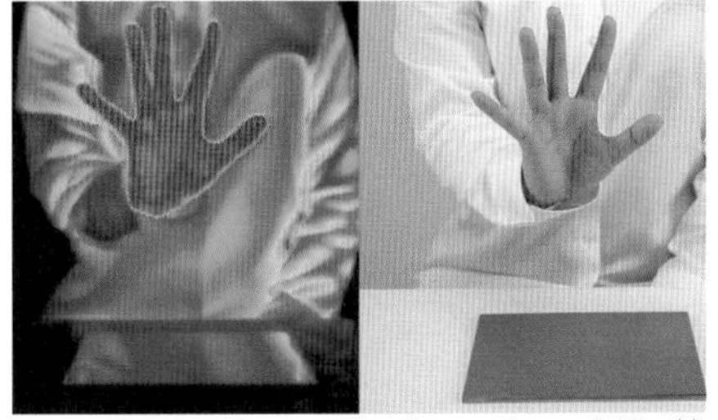

さわる前の手。温かい部分は赤く、冷たい部分は青く表示される。

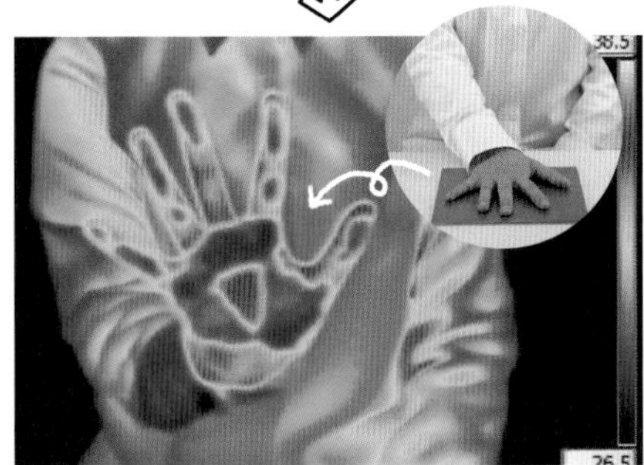

鉄をさわったあとの手。鉄にふれていた部分が青くなった。

フシギ 鉄をさわると手の表面温度が下がる?

鉄をさわると、ふれていた部分の手の表面温度が下がった。鉄を冷たいと感じるのは、このことに関係しているのかな?

ほかのものをさわった手の温度は?

鉄以外の5枚も全部さわって、手の温度変化を見てみよう。

6枚すべて同じ条件でさわってみた。

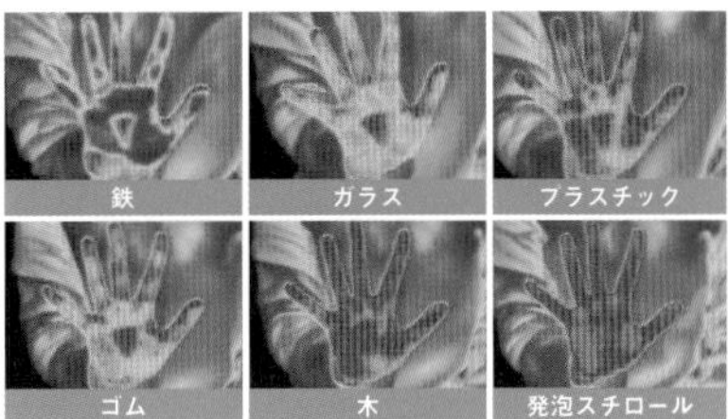

手の温度変化は全部ちがい、鉄がいちばん青くなった。

さわったものによって手の温度が変わる?

さわったあとの手の色は、6種類ともちがった。つまり、さわったものによって、手の温度変化がちがうということだね。表面温度は同じだったのに、どうしてだろう?

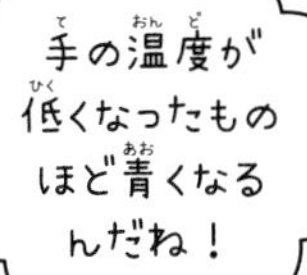

冷たいと感じたものほど青く、温かいと感じたものほど赤い色をしている。

新しいフシギ&まだまだあるフシギ

さわってみて気づいたフシギを探ると、また新しいフシギが見つかった。
ほかにもまだまだいろんなフシギがあるはず。キミも探してみよう。

- 温めたものをさわったら、手の温度はどうなるのかな?
- 鉄は手の体温を吸いとるの?
- 布をさわったらどうかな?
- 紙をさわったらどうかな?

ほかにもいろんなものをさわってみよう。120ページも参考にしてね!

ミカタ 16 仲間分けしてみる

いろいろな動物の歯。仲間分けしてみると…？

シマウマ　ワニ　ライオン

アシカ　サル　ウサギ

カバ　ヒト

歯の形も数も
いろいろだね！
どんな分け方が
あるかな？

フシギ！

きばを持つ動物と、持たない動物があるみたい。仲間分けしてみると？

フシギ！

食べるもので仲間分けしてみると？　歯の形と関係がある？

フシギ！

前歯の形もいろいろあるね。どうしてちがうの？　仲間分けしてみると？

ほかにも仲間分けしてみたら何か「フシギ」が見つかるかな？

実験1 野菜や果物を仲間分けしてみよう

身のまわりにあるものを仲間分けしてみよう。たとえば、野菜や果物。
キミならどんな分け方をする？　仲間分けしてみると…？

仲間分けしてみると?

103ページの写真の野菜や果物を色別、形別など、いろいろな方法で仲間分けしてみたよ。分けてみて、どんなことに気づくかな?

緑色のもの

緑色じゃないもの

フシギ1 野菜や果物には緑色のものが多い?

色で分けると、緑色のものが5つでいちばん多かった。あとは赤色が2つ、紫色が2つ…。野菜や果物は緑色のものが多いの?

丸いもの

長いもの

フシギ2 丸い形のものはあまいものが多い?

丸いものと長いものに分けてみたよ。丸いものには、スイカやブドウなど、あまいものが多そうだ。本当かな?

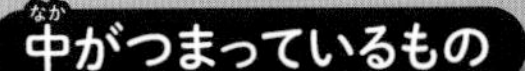

中がつまっていないもの

水分が多そうなもの

水分が少なそうなもの

フシギ 3 中に空どうがあるものがあるのはなぜ?

中身がつまっているものと、つまっていないものにも分けられたよ。つまっていないものの中は、空どうってこと？　どうして？

フシギ 4 みずみずしいものは色が濃い?

水分が多そうなものと、少なそうなものでも分けられそう。水分が多そうなもののほうが色が濃い気がする…。でも、本当かな？

3に注目! ピーマンやオクラは、なぜ中に空どうがあるの?

実験2 中に空どうがあるなぞを探ろう

前のページのフシギ❸に注目してみよう。ピーマンやオクラは中身がつまっていないのはなぜだろう。理由を予想しながら実験してみよう。

予想

空どうがあるのは
種をたくさんつけるため？

空どうがあると、その分、種ができるスペースが広いんじゃないかな。

キウイフルーツ

空どうがない

ピーマン

空どうがある

種の数を比べてみると？

同じくらいの大きさの、キウイフルーツとピーマンの種の数を比べてみよう。

空どうがない、キウイフルーツの種は781個。

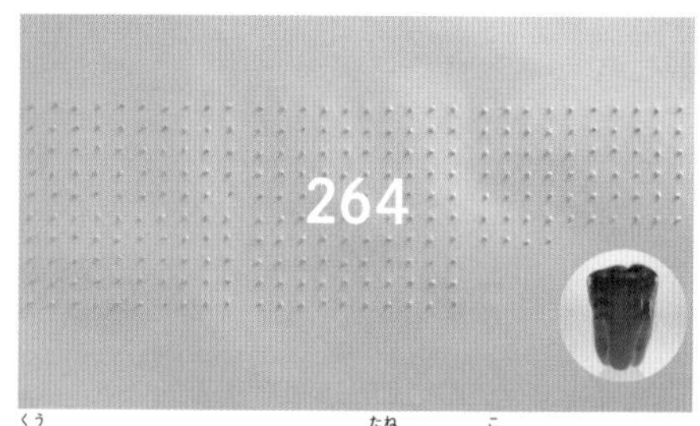

空どうがある、ピーマンの種は264個。

空どうがあるほうに種が多いわけではない？

キウイフルーツの種の数は、ピーマンの種の数の3倍近くもあった。空どうと種の数は、関係ないのかな？

予想

空どうがあるのは水にうくため？

水にうけば、川などの水に流されて、種を遠くまで運べるんじゃない？

ステップ2 水そうの水に入れてみると？

水そうの水に入れてみよう。空どうのある野菜はうかぶはず！

野菜や果物が丸ごと入る、大きな水そうに入れたよ。

空どうがあるピーマンやオクラは予想通り。でも、トマトやキュウリなどもうかんだ。

ういたもの		しずんだもの
・オクラ	・キュウリ	・ニンジン
・ナス	・トウガラシ	・ブドウ
・タマネギ	・ピーマン	・ジャガイモ
・カブ	・トマト	

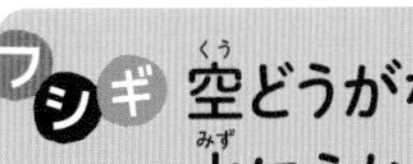

空どうがなくても水にうかぶ!?

中が空どうのものはもちろん、中身がつまっていても、水にうくものがあった。水にうくために空どうが必要なわけではないのかも…？

新しいフシギ＆まだまだあるフシギ

仲間分けしてみて気づいたフシギを探ると、また新しいフシギが見つかった。
ほかにもまだまだいろんなフシギがあるはず。キミも探してみよう。

- **なぜ野菜には緑色のものが多いの？**
- **長いものと、丸いもの、味に関係はある？**
- **なぜカブは水にうくのに、ニンジンやジャガイモはしずむの？**

ほかにもいろんなものを仲間分けしてみよう。**120ページも参考にしてね！**

ミカタ 17

分解してみる

シャンプーボトルを分解してみると…？

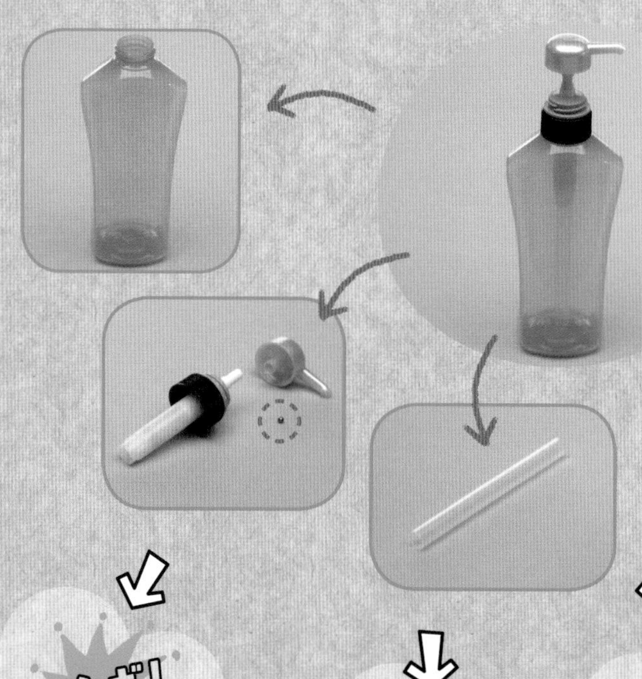

フシギ！

ふたの中に、小さな丸い球が入っていたよ。これは何？

フシギ！

どうして、丸い球が入っているのかな？

フシギ！

ポンプをおすとシャンプーが出るしくみは、どこにあるの？

ほかにも分解してみたら何か「フシギ」が見つかるかな？

実験1 紙コップを分解してみよう

身近なものを分解してみよう。たとえば紙コップ。キミはどこから分解する？
やってみると…？

分解する前に予想してみよう

じつは1枚の紙でできていて、組み立てられるようになっているのかもしれないね。

長方形の紙をくるっと巻いてできてるんじゃないかな。

水がもれないように、コップの内側と外側の紙が、二重になっていると思う。

紙をつなぎ合わせているなら、どこかにつなぎ目があるはずだよね。

紙コップを分解してみると?

紙コップをていねいに分解してみたよ。
キミはどんなフシギを見つけたかな?

フシギ1 2つのパーツでできている?

紙コップを分解してみると、使われていたのは、たった2つのパーツだった。底にはまっていた丸い紙と、側面にはおうぎ形の紙。どうしておうぎ形なんだろう？　どうやってくっついていたんだろう？

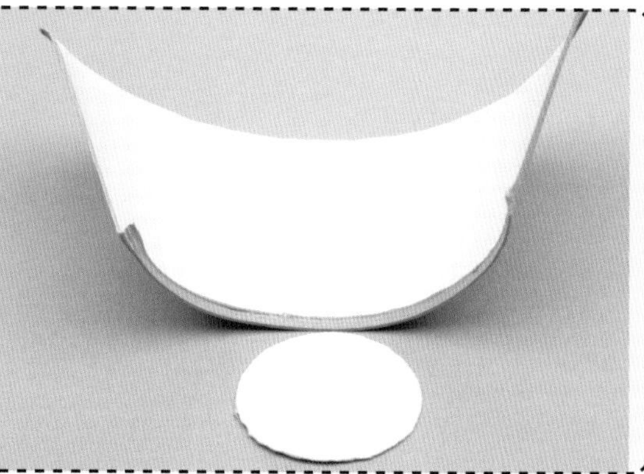

フシギ2 どうして飲み口が丸まっているの?

分解するときに飲み口を見たら、外側に丸まっていた。ふだん何気なく使っていたときは気がつかなかったけど、何か理由があるのかな？

フシギ3 どうして上げ底になっているの?

コップの底を見ると、置いた場所に接しないように、上げ底になっていた。なぜ少しだけ上がっているんだろう。何かいいことがあるの？

2 3 に注目! 飲み口が丸いのはなぜ? 上げ底になっているのはなぜ?

実験2 飲み口が丸い理由を探ろう

左のページのフシギ❷に注目してみよう。
飲み口が丸まっているのはなぜだろう。実験して探っていこう。

ステップ1 丸まりをほどいて水を入れてみると？

丸まったままの紙コップと、口をのばした紙コップの、両方に水を入れてみよう。

1つの紙コップの飲み口は、丸まりをほどく。

水を入れるだけなら、とくに変わらない。

フシギ 水の入れやすさに関係はないみたい？

飲み口の丸まりをほどいても、水は同じように入った。いったいどうして丸まっているんだろう？

ステップ2 水を入れて持ってみると？

水を入れた2つの紙コップを、持ってみよう。

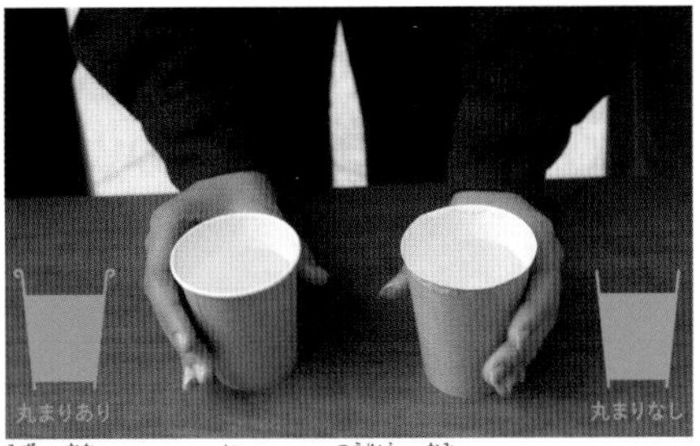

水を同じくらい入れた、通常の紙コップとほどいた紙コップ。

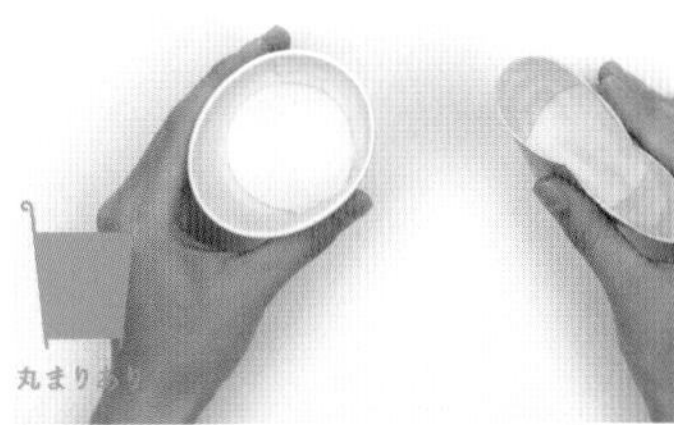

持ち上げようとすると、ほどいた紙コップはつぶれてしまった。

フシギ 飲み口が丸まってないと持ちにくい!?

飲み口の丸まりをほどくと、持ち上げるときにコップの形がくずれてしまった。これが飲み口が丸い理由？

実験 3

上げ底になっている理由を探ろう

紙コップが上げ底になっているのは何のためだろう。
いろいろな理由を予想しながら、実験してみよう。

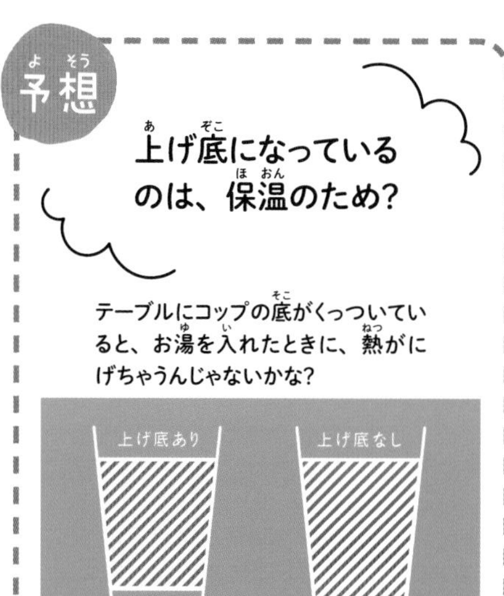

ステップ 1 それぞれの温度変化は？

上げ底ありとなし、２つの紙コップで温度の下がり方を比べるよ。

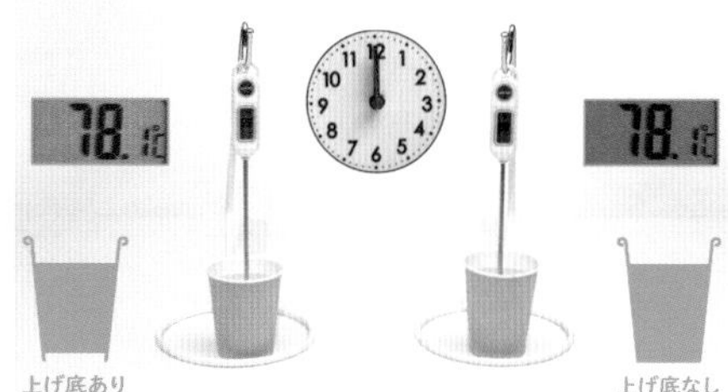

最初は両方とも78°Cくらい。

10分後…

上げ底ありが60.6°Cで、上げ底なしが60.8°C。どちらもほとんど変わらない。

フシギ 温度変化には影響がない？

上げ底ありとなしで、お湯の温度の下がり方は、ほとんど同じだった。テーブルの素材も関係するのかな？

予想

上げ底だと重ねたときに取りやすい？

上げ底になっていると空気が入るから、コップを重ねたときに取りやすくなるんじゃないかな。

上げ底のすきま

※これは2つ重ねた紙コップの断面だよ。

ステップ2 取りやすさを比べると？

上げ底なしの紙コップと、ありの紙コップ。重ねて、取りやすさを比べてみよう。

上げ底なし

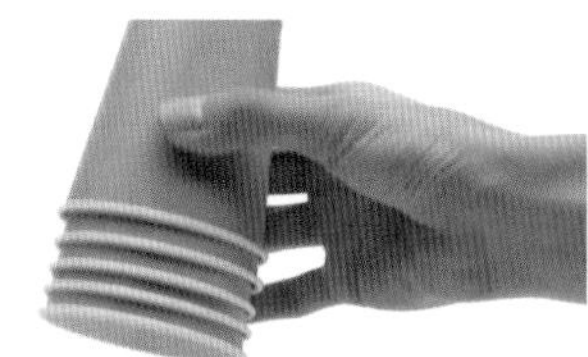

上げ底がないと、コップどうしがくっついてしまう。

⇩

上げ底あり

上げ底ありは、簡単にぬけてすっと取れる。

フシギ 上げ底があるほうが取りやすいのはなぜ？

上げ底がない紙コップは、取ろうとすると次のコップとくっついてしまうけれど、上げ底がある紙コップは、取りやすかった。やっぱり空気が入るからなの？

新しいフシギ＆まだまだあるフシギ

分解してみて気づいたフシギを探ると、また新しいフシギが見つかった。
ほかにもまだまだいろんなフシギがあるはず。キミも探してみよう。

- **紙コップは紙なのに、なぜ水がしみたり、やぶれたりしないの？**
- **紙コップはなぜ、底より飲み口のほうが広いの？**

ほかにもいろんなものを分解してみよう。**120ページも参考にしてね！**

ミカタ 18

音を出してみる

野菜や果物を指でたたいて、
音を出してみると…？

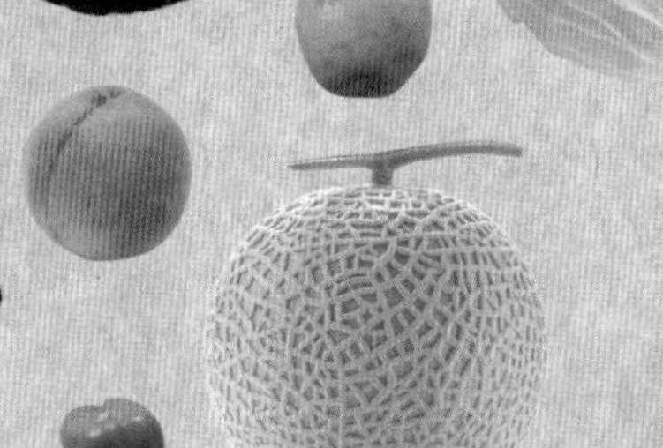

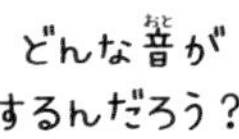

それぞれ音がちがう！
中身と関係があるのかな？

フシギ!

耳をあてて聞くときと、あてないで聞くときとでは、音がちがうよ。どうして？

フシギ!

たとえばスイカ。どんなスイカも、同じ音がするのかな？

ほかにも音を出してみたら何か「フシギ」が見つかるかな？

いろいろな食器で音を出してみよう

身近なもので、いろいろな音を出してみよう。たとえば下のようないくつかの食器。音を出してみると…？

音を出す前に予想してみよう

ガラスのコップは、たたくときれいな音がするよね。

ガラスの食器でも、ワイングラスとコップは形がちがうから、音もちがうのかな?

水が入っているかどうかでも、音は変わるんじゃない?

ガラスびんをふくと音がなるって本当かな?

音を出してみると?

食器を使っていろいろな方法で音を出してみたよ。
どんなフシギが見つかるかな?

グラスをはしでたたく

水が入ったガラスびんをふる

水さしでコップに水を注ぐ

お皿を指でこする

ガラスびんをふく

ワイングラスのふちをこする

マグカップをスプーンでたたく

フシギ 1 水を注いでいくとだんだん音が高くなる？

水さしからコップに水を注いでみたら、注いでいるうちに、音がだんだん高くなっていったよ。なぜだろう？　ほかの食器でも同じかな？

フシギ 2 グラスのふちはなぜきれいな音がするの？

ワイングラスに水を入れて、ぬらした指でふちをこすってみたら、すき通ったきれいな音がした。バイオリンの音色みたい。どうしてこんな音が出るんだろう？

フシギ 3 お皿をこすると、引くときとおすときでなぜ音がちがうの？

お皿を指でこすると、キュッキュッという音がした。おすときは高くて、引くときは低い音。別のお皿やボウルでやってみても、やっぱり音の変化は同じ。どうして音が変わるの？

速くこすっても音は同じ？

3に注目！ 引くときとおすときとでは、音がちがうのはなぜ？

実験2 こすったときの音のなぞを探ろう

前のページのフシギ3に注目してみよう。なぜ、おすときは高い音で、引くときは低い音なのかな？ くわしく調べてみよう。

ステップ1 速くこすると？

こすり方を変えてみよう。速さを変えれば音が変わるかな？

スピードを速くしてこすってみよう。

おすと高くて、引くと低い。やっぱり同じ。

フシギ 速さを変えても同じ？

速くこすっても、ゆっくりこすっても、おすときの音は高くて、引くときの音は低かった。速さは関係ないのかな？

ステップ2 指をねかせてこすると？

今度は、指の当て方を変えてみるよ。指をねかせてこすると、どうなる？

指の腹でこすってみよう。

おしたときに低くて、引いたときに高くなった！

フシギ 出る音が逆に!?

指の先でこすったときと、指の腹でこすったときとでは、高い音と低い音が逆になった。同じ指なのに、どうして？

ステップ3 指のかたさに注目すると？

指の先と指の腹。こすったときに当たる部分に注目してみたよ。

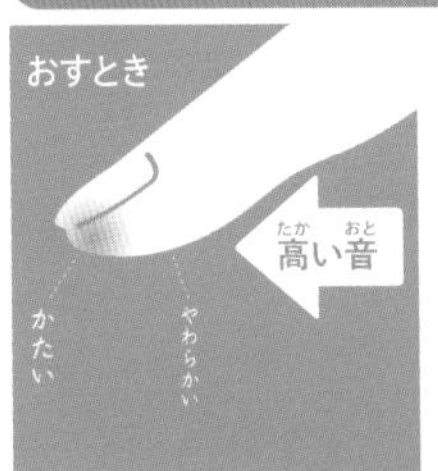

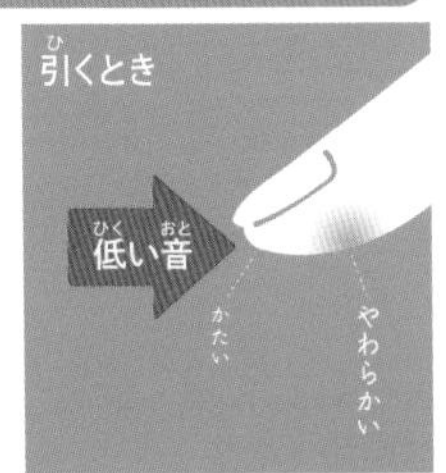

おすときにかたい部分が当たり、引くときにやわらかい部分が当たる。

指 の 腹 で

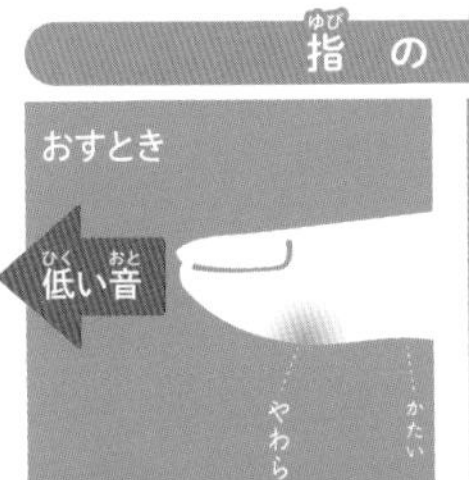

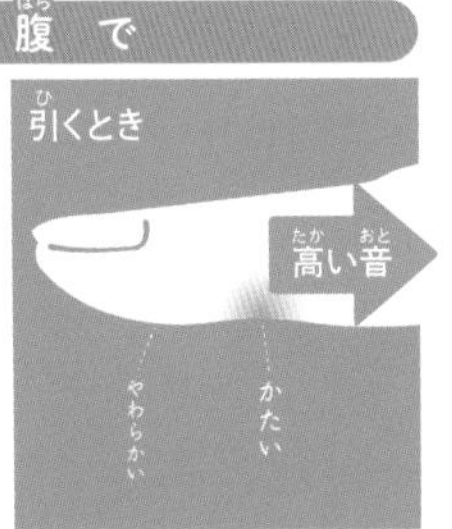

おすときにはやわらかい部分が当たり、引くときにはかたい部分が当たる。

フシギ 指が当たる部分が音に関係ある!?

かたい部分が当たるときに、高い音が出るのかな？

ステップ4 スポンジでこすると？

どの部分もかたさが同じスポンジで実験してみよう。

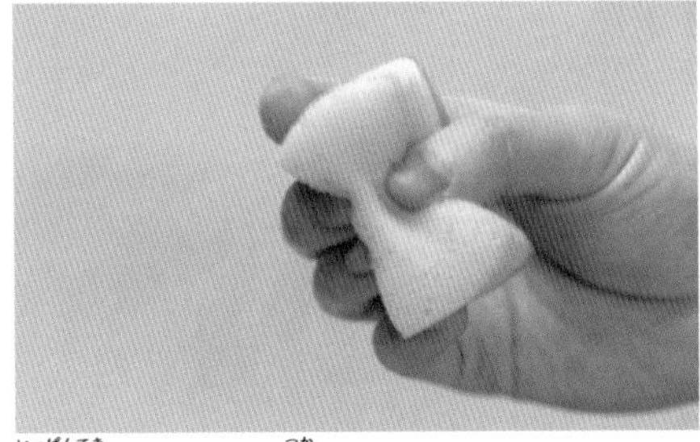

一般的なスポンジを使うよ。

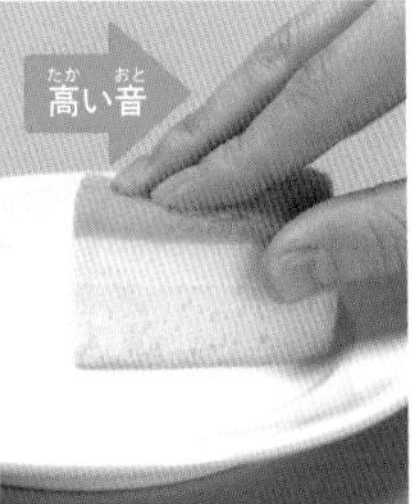

おしたときに低い音、引いたときに高い音になった！

フシギ おし引きしたときの音の高さとかたさは関係ない？

どの部分もかたさが同じスポンジでこすったのに、音が変わった！　どうして？

新しいフシギ＆まだまだあるフシギ

音を出してみて気づいたフシギを探ると、また新しいフシギが見つかった。
ほかにもまだまだいろんなフシギがあるはず。キミも探してみよう。

- **水を注ぐときに、だんだん音が高くなるのはなぜ？**
- **ワイングラスのふちをこすると、なぜバイオリンみたいな音がするの？**

ほかにもいろんなものの音を出してみよう。120ページも参考にしてね！

もっと　やってみよう

3章の6つのミカタを使ってみると、おもしろそうなものを集めてみたよ。キミはどんなフシギを見つけられるかな？

数えてみる

84〜89ページ

かさのほね

いろいろなかさで数えてみると…?

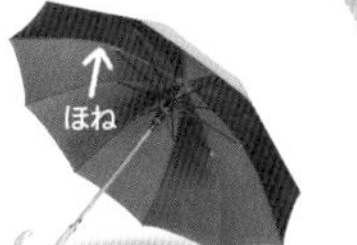

ミカンのヘタの裏

ヘタの裏の筋の本数を数えてみよう。何かと関係している!?

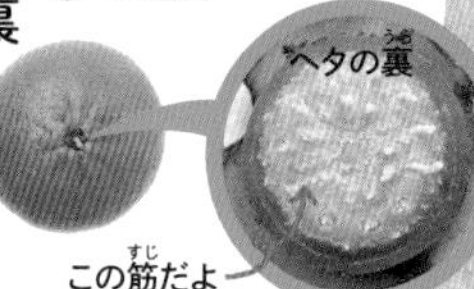

比べてみる

90〜95ページ

魚の顔

メダカ、コイ、金魚など
いろいろな魚を比べてみると…?

似ているものを比べてみよう

たとえばオットセイとアシカ。
どこが似ていて、どこがちがうかな?

アシカ

オットセイ

さわってみる

96〜101ページ

音の出るもの・スピーカー

音が出ているときと出ていないときでは、何かちがうかな?

シャンプーとリンスのボトル

さわって比べてみると…?

仲間分けしてみる

102〜107ページ

どんぐり

葉

形や大きさ、色。どんな方法で仲間分けできるかな?

分解してみる

108〜113ページ

ティッシュペーパー

1枚とると、必ず次のティッシュが顔を出すのはどうして?
箱の中にどんなふうに入っているんだろう?

多色ボールペン

ペンの中はどんなしくみになっているのかな?

音を出してみる

114〜119ページ

からだ

おなか、手のひら、顔、いろんな場所を軽くたたいて音を出してみよう。

いろんな場所で「あー!」と言ってみる

たとえばトンネル、音楽室、体育館、お風呂…。
場所によって聞こえ方がちがう!?

自由研究のコツ

自由研究のコツ①

テーマの選び方

この本ではさまざまな「ミカタ」を通して、「フシギ」を見つけるための方法を、いろいろな例といっしょに学んできたね。ここでは、そうして見つけたたくさんの「フシギ」の中から、実際に夏休みの自由研究などのテーマを選ぶときのポイントを紹介するよ。

ポイント1 自分が本当に知りたい、調べたいと思うこと

だれかほかの人から「これについて調べなさい」と言われて調べたり、書店にいっぱい並んでいる自由研究についての本の内容をただまねしたりするだけでは、あんまり楽しくないんじゃないかな？

この本の最初のページにも書いたように、キミ自身が「どうしてかな？」「なぜだろう？」と思って見つけた「フシギ」について、調べたり考えたりするほうが、ずっとやる気も出るし、なにより楽しいと思わない？　たぶんこのことが、いちばん大切なんだと思う。だって研究するのはキミ自身なんだから。

ポイント2 自分だけのオリジナルな「フシギ」

自分で本当に知りたい、調べたいと思える「フシギ」が見つかったら、それをもっと具体的にしていこう。いろいろな本を読んだり、その「フシギ」について詳しそうな人に相談してみたりするのもいいね。

もしかしたら、前にだれかが同じようなことについて調べているかもしれない。でも、そうやって相談したり、本を読んだりしていくうちに、きっとまた新しい「フシギ」が見つかるはずだよ。それはどんなに小さな「フシギ」でも大丈夫。だって、そうやって見つけた「フシギ」は、最初に考えたものより、キミだけのオリジナルなものになっているから。もしかしたら、世界中でだれもまだ知らないことかもしれないよ！

身近なことや、知っていると思っていること、あたりまえだと思っていることの中にも、案外まだわかっていないことはたくさんあるものなんだ。

ポイント3 自分でできること

キミが知りたいと思ったオリジナルな「フシギ」。でも、ちょっと待って！それって、自分でも調べられそうなことかな？

たとえば「宇宙はどうやってできた？」みたいなことを、夏休みの自由研究で確かめるのはちょっと難しいかもしれないよね。もちろん、将来キミが大人になるときまで、そうした「フシギ」を持ち続けることは、すごくすてきなことだと思う。

でも、最初は自分でできることから始めてみよう。たとえば宇宙についてなら、星座の観察をしたり、宇宙の歴史や神話について調べてみたりするのもいいかもしれないね。そうやって研究を続けていたら、いつかそんなスケールの大きななぞにも、せまれるかもしれないよ！

自由研究のコツ②

研究の進め方

テーマが決まったら、いよいよ研究のスタート。でも、研究って、どうやって進めていったらいいんだろう。一般的なステップを紹介するよ。

ポイント1 きっかけや動機をまとめよう

研究テーマを決めたら、どうしてこのテーマを選んだのか、どうして調べたいと思ったのか、その「きっかけ」や「動機」を、自分の言葉でまとめておこう。

研究が進んでいく中で、ときどきこれを見返すと、初めのころのわくわくした気持ちを思い出すことができるよ。

ポイント2 予想（仮説）をたてよう

実験や観察を始める前に、まず自分なりの「予想」をたててみよう。たとえば、「メロンのあみ目はどうやってできるんだろう？」というフシギ（問い）に対して、71ページで、３人の子どもたちがそれぞれに考えてみているのが予想。

こうした予想をしておくことで、このあとどんな実験や観察をすれば、それがたしかめられるのか、ということも、考えられるようになるんだよ。

▲71ページを見てね。

実験や観察の方法を考えよう

次に、自分が考えた「予想」が正しいかどうかをたしかめるにはどうしたらいいかを考えるよ。どんな道具を使って、いつ、どこで、どんなふうに実験や観察をするのか、具体的に考えて準備。記録に残しておくと、もう一度同じ実験や観察をする必要が出てきたときにも役に立つよ。

これが終わったら、いよいよ実験・観察のスタートだ！

結果を記録しよう

実験や観察を行って、その結果を記録するよ。このときはまだ自分が考えたり、感じたりしたことは書かずに、客観的な事実だけを書く。これは、ほかの人が同じ実験や観察をしたときの結果と、比べられるようにしておくためだよ。

キミの
実験結果は
世界に1つだけ
のものだ！

考えたこと（考察）を書こう

最後に、「結果」を受けて、キミなりに考えたことを整理してまとめるよ。自分がたてた「予想」に対して「結果」はどうだったのか、それはなぜなのか、考えたことや、わかったこと、もっと調べたくなったことなどを書こう。

もし自分の予想とちがう結果になっても、がっかりする必要はない。むしろ結果がちがったときこそ、新しい発見につながるチャンスなんだ。

調べるときに参考にした本などがあったら、それも書いておくといいよ。

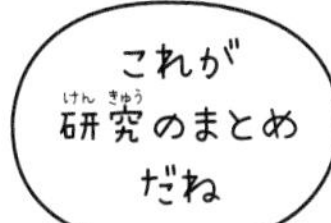

自由研究のコツ③

研究のまとめ方

研究はうまく進められたかな？　最後にそれをわかりやすくまとめてみよう。どんなふうにまとめるかを、実験や観察を始める前に考えておくといいよ。途中でもまとめ方を考えながら進めると、もっといい研究になるかもしれないね。

読む人、見る人のことを考えよう

自由研究は、最終的にノートやレポート用紙などにまとめることが多いよね。そのときに忘れてはいけないのは、それを見てもらったり読んでもらったりする、「相手」がいるということ。

いくら自分で「すごい研究ができた！」と思っていても、それがほかの人にちゃんと伝わらなければ、その価値はぐっと下がってしまう。自分のまとめた「研究」を見るのはだれか、その人が見たときにどう考えるかを想像しながら、わかりやすく伝えるための工夫をすることが大切だよ。

図やグラフ、写真を入れよう

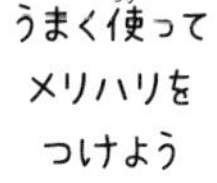

研究したことをきちんとわかってもらうには、文章だけでなく、図やグラフ、写真などを入れるといいよ。

動画やイラスト、工作でもOK

自由研究を、動画やイラスト、工作などでまとめてもいいね。ノートやレポート用紙と組み合わせても、もちろんOK。ほかにも、いろいろな方法を試してみると、だれも想像できないようなすごい研究になるかもしれないよ。

研究を楽しむことを忘れずに、自分なりのまとめ方、伝え方を工夫してみよう。

おわりに

「フシギ」を見つけるための本「カガクノミカタ」、いかがでしたか？　この本で紹介した18の「ミカタ」を通して、なにか、自分なりの「フシギ」が見つかったとしたら、とてもうれしく思います。

この本では「ミカタ」に注目して、「フシギ」の見つけ方を探ってきましたが、番組ではじつはもう１つ、「フシギ」を見つけるための手立てを紹介しています。

この本の絵も描いてくださった絵本作家、イラストレーターのヨシタケシンスケさん原案・原画による「あたりまえってなんだろう？」「あたりまえってなにかしら？」というアニメーションのコーナーがそれです。このコーナーでは、「くすぐられると笑っちゃう。あたりまえ。でも、どうして？　それに、自分で自分をくすぐってもくすぐったくない。なんでだろう？」といった具合に、登場する男の子と女の子（あたりまえたろうとあたりまえつこ）が、一見、あたりまえに思えることを、あえて疑うことでさまざまな「フシギ」を見つけていきます。

身のまわりにある「あたりまえ」なことを、あえて疑ってみる。それはこの本の中でもじつは繰り返し登場してきた考え方でもあります。

「ミカタ」を通して、そして「あたりまえを疑う」ことで、ぜひ、みなさんなりの「フシギ」を見つけて探っていってみてください。きっとそれはすごく自由で楽しいことだと思います。

※巻末の「自由研究」についての原稿を書くにあたっては、塩瀬隆之さん（京都大学総合博物館准教授）、加納圭さん（滋賀大学教育学系教授）、水町衣里さん（大阪大学社会技術共創研究センター准教授）から、たくさんのアドバイスをいただきました。本当にありがとうございました。

NHK「カガクノミカタ」プロデューサー　**竹内慎一**

編 NHK「カガクノミカタ」制作班

番組委員
加納圭／滋賀大学教育学系教授
川角博／東京学芸大学 講師・福井県教育総合研究所
特別研究員
塩瀬隆之／京都大学総合博物館 准教授
鳴川哲也／福島大学人間発達文化学類 准教授
水町衣里／大阪大学社会技術共創研究センター
（ELSIセンター）准教授

ディレクター
廣岡知人、佐藤京郎、五十嵐真、前田聖志、遠竹真寛、
小林温志、藤塚智士、宮村みちる、石田晃人、山下季美

アートディレクション・音楽
大野真吾

タイトル映像
伊東玄己

ナレーション
ANI（スチャダラパー）、今井暖大

アニメーション原案・原画
ヨシタケシンスケ

アニメーション
森下裕介

作詞・作曲・うた
やくしまるえつこ

プロデューサー
志賀研介

制作統括
若井俊一郎、大古滋久、林一輝、竹内慎一

絵 ヨシタケシンスケ

1973年神奈川県生まれ。絵本作家、イラストレーター。筑波大学大学院芸術研究科総合造形コース修了。MOE絵本屋さん大賞第1位、ボローニャ・ラガッツィ賞特別賞、第51回新風賞など、受賞多数。著作に『りんごかもしれない』『もうぬげない』『あるかしら書店』『ヨチヨチ父』『思わず考えちゃう』『ころべばいいのに』など。

●協力　NHKエデュケーショナル
●写真提供　筑波大学 数理物質系 寺田研究室
アクアワールド茨城県大洗水族館
長崎ペンギン水族館
●写真　Shutterstock.com
●カバー・本文デザイン　山口秀昭（Studio Flavor）
●本文イラスト　いずもり・よう
●原稿執筆　入澤宣幸
●校正　鶴田万里子
●編集協力　株式会社スリーシーズン（藤門杏子）

本書は2019年8月発行の図書館版『NHKカガクノミカタ 全3巻』をもとに再構成したものです。

NHK カガクノミカタ
自分だけの「フシギ」を見つけよう！

2024年3月20日　第1刷発行
2024年7月15日　第3刷発行

編者　NHK「カガクノミカタ」制作班
絵　ヨシタケシンスケ

発行者　江口貴之
発行所　NHK出版
〒150-0042　東京都渋谷区宇田川町10-3
☎0570-009-321（問い合わせ）　0570-000-321（注文）
ホームページ　https://www.nhk-book.co.jp
印刷　大熊整美堂
製本　二葉製本

Printed in Japan　ISBN978-4-14-036154-2　C8040